完成目標時間 30分

1 3年生のふく習(1)

ふく習のめやす
3年生の学力チェックテストなどでしっかりふく習しよう！
0点 85点 100点

合計とく点

1 次の数を数字で書きましょう。 問 4点〕

① 三千七百万　(　　　　)

② 四　(　　　　)

③ 百万を6つと，十万を4つあわせた数　(　　　　)

2 次の計算をしましょう。 〔1問 4点〕

① $\begin{array}{r} 458 \\ +267 \\ \hline \end{array}$

② $\begin{array}{r} 5732 \\ +1559 \\ \hline \end{array}$

③ $\begin{array}{r} 8402 \\ -3194 \\ \hline \end{array}$

3 次の計算をしましょう。 〔1問 4点〕

① $\begin{array}{r} 48 \\ \times\ \ 3 \\ \hline \end{array}$

② $\begin{array}{r} 235 \\ \times\ \ \ 7 \\ \hline \end{array}$

③ $\begin{array}{r} 362 \\ \times\ \ \ 5 \\ \hline \end{array}$

④ $\begin{array}{r} 54 \\ \times 46 \\ \hline \end{array}$

⑤ $\begin{array}{r} 312 \\ \times\ 43 \\ \hline \end{array}$

⑥ $\begin{array}{r} 643 \\ \times\ 74 \\ \hline \end{array}$

4 次の□にあてはまる不等号(ふとうごう)を書きましょう。 〔1問 4点〕

① 1 □ 9.9

② 5.2 □ 4

5 次の計算をしましょう。 〔1問 4点〕

① 0.4＋2.3　　② 0.7＋0.5

③ 5.6－3.2　　④ 1.3－0.7

6 右の図のように，大きな円の中に，直径（ちょっけい）6cmの円が2つ，ぴったり入っています。次の問題に答えましょう。 〔1問 5点〕

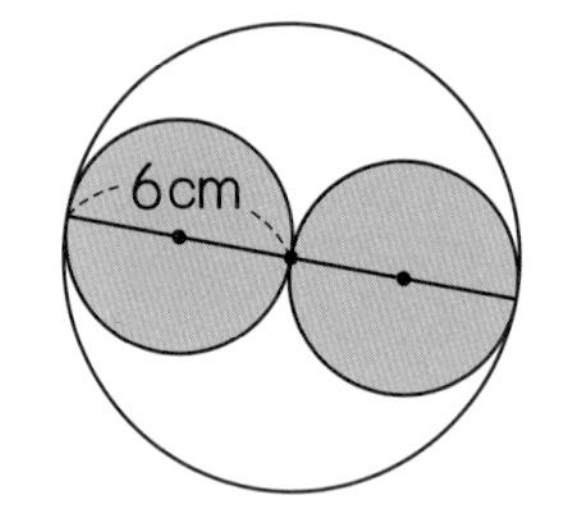

① 小さな円の半径（はんけい）は何cmですか。 （　　　）

② 大きな円の直径は何cmですか。 （　　　）

7 えい画会は午後3時10分に始まり，2時間後に終わるそうです。えい画会が終わるのは午後何時何分ですか。 〔6点〕

（　　　）

8 重さ600gのねん土と，1.2kgのねん土があります。あわせて何kgありますか。 〔6点〕

答え（　　　）

9 長さ$\frac{7}{9}$mのロープがあります。このうち，$\frac{3}{9}$mを使うと，のこりは何mになりますか。 〔6点〕

答え（　　　）

2 かんせい もくひょう 完成目標時間 30分

3年生のふく習(2)

ふく習のめやす
3年生の学力チェックテストなどでしっかりふく習しよう！
0点 85点 合かく 100点

合計とく点 /100点

1 次の計算をしましょう。〔1問 4点〕

① $24 \div 6$　② $56 \div 7$

③ $35 \div 8$　④ $19 \div 2$

⑤ $47 \div 9$　⑥ $32 \div 5$

⑦ $60 \div 3$　⑧ $48 \div 4$

2 次の□にあてはまる数を書きましょう。〔1問全部できて 4点〕

① 3km400m＝□m　② 4050m＝□km□m

③ 4.7kg＝□g　④ 5240g＝□kg□g

⑤ 2kg60g＝□g

3 次の計算をしましょう。〔1問 4点〕

① $\frac{2}{5}+\frac{1}{5}$　② $\frac{3}{7}+\frac{4}{7}$

③ $\frac{5}{8}-\frac{4}{8}$　④ $1-\frac{2}{9}$

4 下の図のような三角形は何という三角形ですか。〔1問　4点〕

① 4cm 4cm 4cm

（　　　　　　）

② 6cm 6cm 3cm

（　　　　　　）

5 右のぼうグラフは，ゆうなさんたち4人でソフトボール投げをしたときの記ろくを表しています。次の問題に答えましょう。〔1問　4点〕

① ゆうなさんは何m投げましたか。

（　　　　　　）

② いちばん遠くへ投げたのはだれですか。

（　　　　　　）

③ そうたさんとみつきさんのちがいは何mですか。

（　　　　　　）

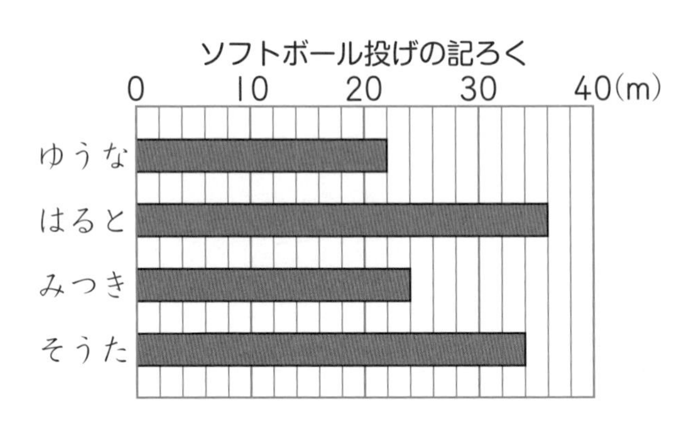

6 1つ75円の工作セットがあります。この工作セットを24買うと，代金は何円になりますか。〔6点〕

答え（　　　　　　）

7 はるみさんは，おはじきを何こか持っていました。きょう，お姉さんから18こもらったので，全部で50こになりました。はじめに何こ持っていましたか。はじめに持っていたおはじきを□ことしてたし算の式に書き，答えをもとめましょう。〔6点〕

式

答え（　　　　　　）

3 き本テスト 大きな数

完成目標時間 20分

き本の問題のチェックだよ。
できなかった問題は，しっかり学習してから
完成テストをやろう！

合計とく点 ／100点

関連ドリル ●数・量・図形 P.5〜12

1 〈大きな数の読み方〉
次の数を読んで，漢字で書きましょう。〔6点〕 ／6点

ぜんぶできたら　数・量・図形 5ページ〜

位	百億	十億	一億	千万	百万	十万	一万	千	百	十	一
	2	5	3	0	7	8	4	5	9	6	0

（　　　　　　　　　　　　　　　　）

2 〈大きな数の位〉
「72549048300」について，次の位の数字を書きましょう。〔1問　4点〕 ／12点

ぜんぶできたら　数・量・図形 5ページ〜

① 一億の位（　　）　② 十億の位（　　）　③ 百億の位（　　）

3 〈大きな数のしくみ〉
次の□にあてはまる数を書きましょう。〔1問　4点〕 ／16点

ぜんぶできたら　数・量・図形 5ページ

① 一億は千万の□倍　② 百億は十億の□倍

③ 千億は百億の□倍　④ 百億は一億の□倍

4 〈大きな数の読み方〉
次の数を読んで，漢字で書きましょう。〔6点〕 ／6点

ぜんぶできたら　数・量・図形 6ページ

位	一兆	千億	百億	十億	一億	千万	百万	十万	一万	千	百	十	一
	3	1	4	3	0	6	2	8	0	7	0	0	0

（　　　　　　　　　　　　　　　　）

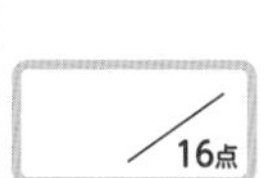

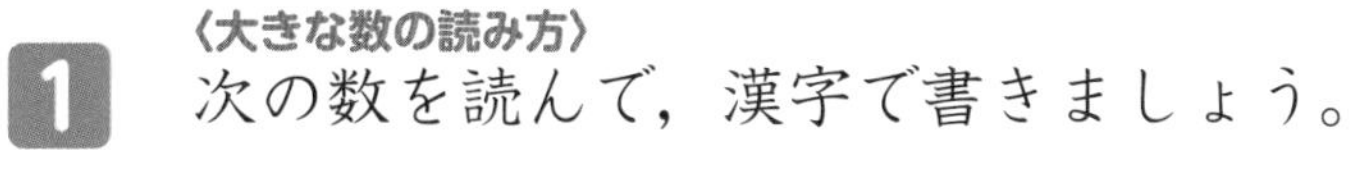

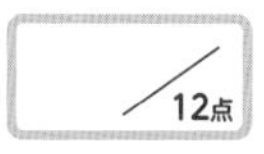
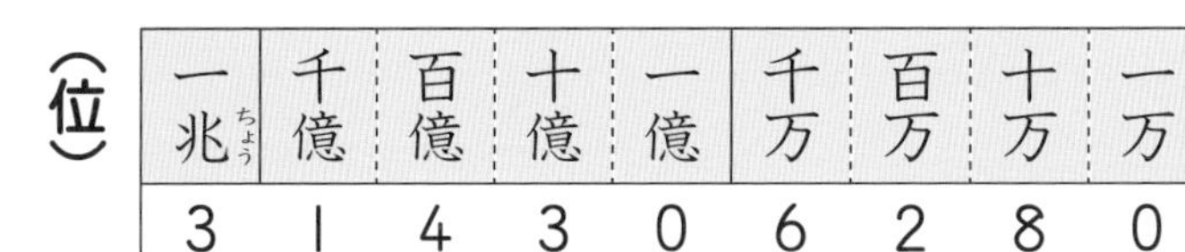

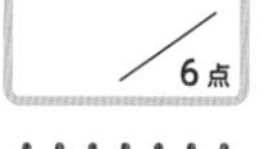

5 〈大きな数の位〉

「62358218790000」について，次の位の数字を書きましょう。 〔1問　4点〕

① 一兆の位　(　　　)　② 十兆の位　(　　　)

/8点　ぜんぶできたら　数・量・図形 6ページ～

6 〈大きな数のしくみ〉

次の□にあてはまる数を書きましょう。 〔1問　5点〕

① 一兆は千億の□倍　② 十兆は一兆の□倍

/10点　ぜんぶできたら　数・量・図形 6ページ～

7 〈大きな数の書き方〉

□の数を数字で書いた正しいものを〔　〕の中からえらび，○でかこみましょう。 〔6点〕

二兆二千三百七十四億八千五百四十二万

〔 22374854200000　223748542000
2237485420000　22374854200 〕

/6点　ぜんぶできたら　数・量・図形 6ページ～

8 〈大きな数を集めた数〉

次の数を書きましょう。 〔1問　4点〕

① 1億を4つ集めた数　(　　　)

② 1億を24集めた数　(　　　)

③ 10億を5つ集めた数　(　　　)

④ 10億を38集めた数　(　　　)

/16点　ぜんぶできたら　数・量・図形 7・8ページ

9 〈10倍した数，$\frac{1}{10}$にした数〉

次の問題に答えましょう。 〔1問　5点〕

① 次の数を10倍した数を書きましょう。

㋐ 2億　(　　　)　㋑ 30億　(　　　)

② 次の数を$\frac{1}{10}$にした数を書きましょう。

㋒ 30億　(　　　)　㋓ 400億　(　　　)

/20点　ぜんぶできたら　数・量・図形 11・12ページ

大きな数

●ふく習のめやす
き本テスト・関連(かんれん)ドリルなどでしっかりふく習しよう！
0点　合かく 80点　100点

合計とく点　／100点

関連(かんれん)ドリル　●数・量・図形　P.5〜12

1 次の数を漢字で書きましょう。〔6点〕

3140827596000

(　　　　　　　　　　)

2 次の数を数字で書きましょう。〔1問　5点〕

① 二兆(ちょう)五百二十三億(おく)四千九十万　(　　　　　)

② 1億を7つと，1万を2500あわせた数　(　　　　　)

3 下の数直線の□にあてはまる数を書きましょう。〔1つ　3点〕

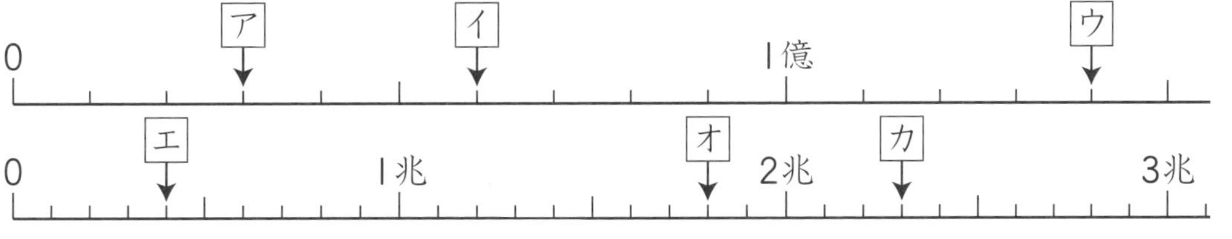

ア(　　　)　イ(　　　)　ウ(　　　)

エ(　　　)　オ(　　　)　カ(　　　)

4 「20760000000000」について，次の□にあてはまる数を書きましょう。〔1問全部できて　5点〕

① 1兆を20と，1億を  あわせた数です。

② 10兆を□つと，1000億を  つと，100億を6つあわせた数です。

5 □にあてはまる不等号を書いて，次の各組の数の大小を表しましょう。

〔1問　4点〕

① 235850000 □ 235750000

② 476600000 □ 476500000

③ 350200000 □ 352000000

④ 645億 □ 650億

⑤ 9999億 □ 1兆

6 次の数を書きましょう。

〔1問　3点〕

① 15億×10 (　　　)　② 650億×10 (　　　)

③ 35兆×100 (　　　)　④ 2000億×10 (　　　)

⑤ 30兆÷10 (　　　)　⑥ 450億÷10 (　　　)

⑦ 700億÷10 (　　　)　⑧ 6兆÷10 (　　　)

7 次の数を数字で書きましょう。

〔1問　6点〕

① 1億よりも10万大きい数 (　　　)

② 1兆よりも1000小さい数 (　　　)

5 き本テスト 完成目標時間 20分

わり算(1)

き本の問題のチェックだよ。
できなかった問題は，しっかり学習してから
完成テストをやろう！

合計とく点 　／100点

関連ドリル ●わり算 P.7・8，11～22，63・64

〈何十÷何の計算〉

1 60÷3 を計算します。□□にあてはまる数を書きましょう。〔6点〕

／6点

わり算 7・8ページ

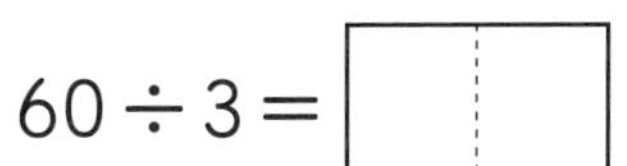

10 10 10
10 10 10

60÷3＝□□

〈何百何十÷何の計算〉

2 120÷4 を計算します。□□にあてはまる数を書きましょう。〔6点〕

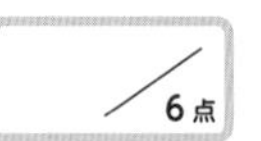

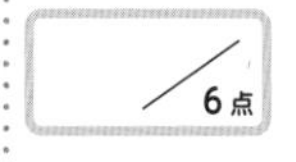

わり算 7・8ページ

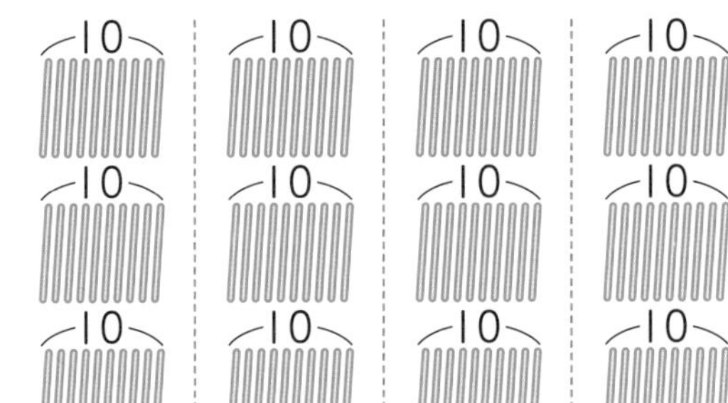

120÷4＝□□

〈わり算の筆算〉

3 86÷2 の計算を筆算でします。①～③のじゅんに□にあてはまる数を答えましょう。〔1問全部できて 8点〕

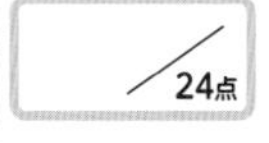

わり算 12ページ～

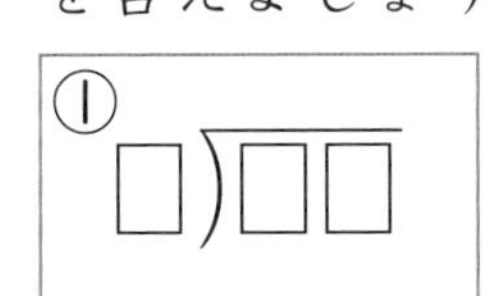

① □)□□

① ）を使って計算します。
左の筆算の□に86と2を書きましょう。

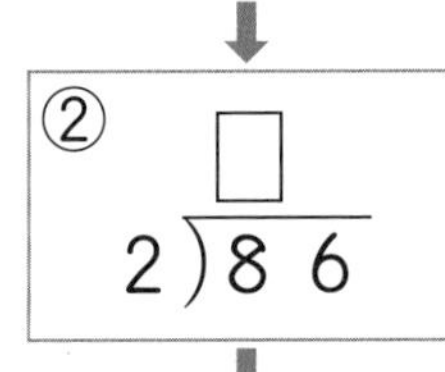

② 2)86 商 □

② はじめに十の位を計算します。
8÷2＝4
4を左の筆算の□に書きましょう。

③ 2)86 商 4□

③ 次に一の位を計算します。
6÷2＝3
3を左の筆算の□に書きましょう。

4 〈2けた÷1けたのわり算〉

75÷3の計算を筆算でします。□にあてはまる数を書きましょう。

〔1問全部できて　6点〕

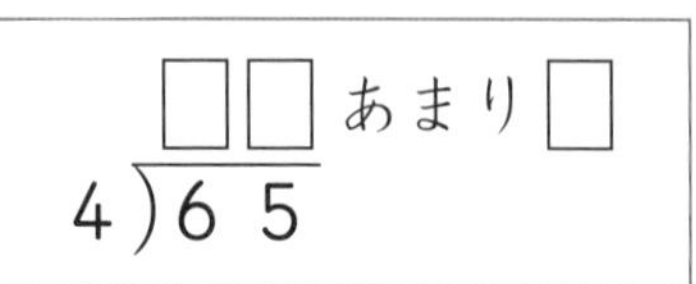

① 十の位を計算します。

7÷3＝□ あまり1

② 一の位を計算します。

十の位であまった1と一の位の5で15

15÷3＝□

③ 左の筆算の□に答えを書きましょう。

5 〈2けた÷1けたのわり算〉

65÷4の計算を筆算でします。□にあてはまる数を書きましょう。

〔1問全部できて　6点〕

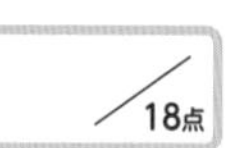

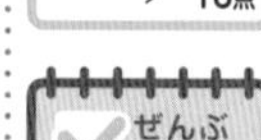

① 十の位を計算します。

6÷4＝□ あまり2

② 一の位を計算します。

十の位であまった2と一の位の5で25

25÷4＝□ あまり□

③ 左の筆算の□に答えを書きましょう。

6 〈わり算のけん算〉

47÷3の計算をして，答えが正しいかけん算(答えのたしかめ)をします。□にあてはまる数を書きましょう。

〔1問全部できて　7点〕

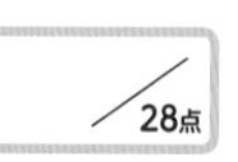

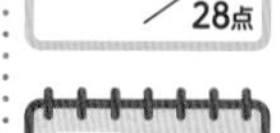

① 47÷3の計算

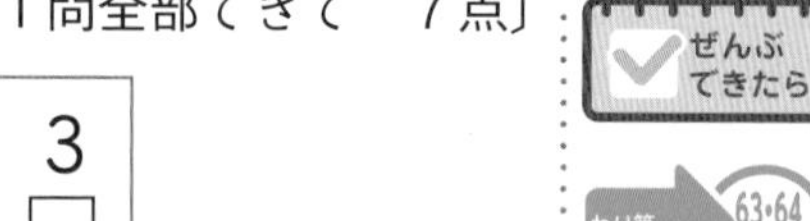

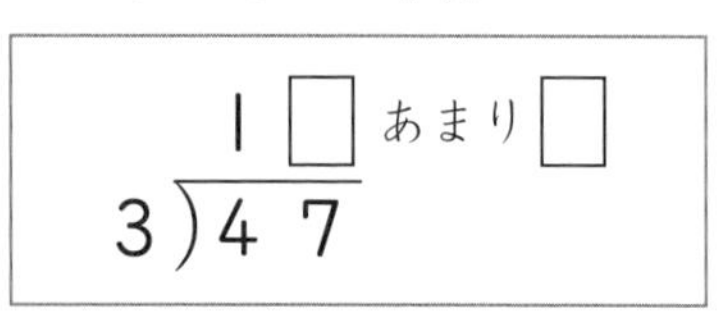

② けん算

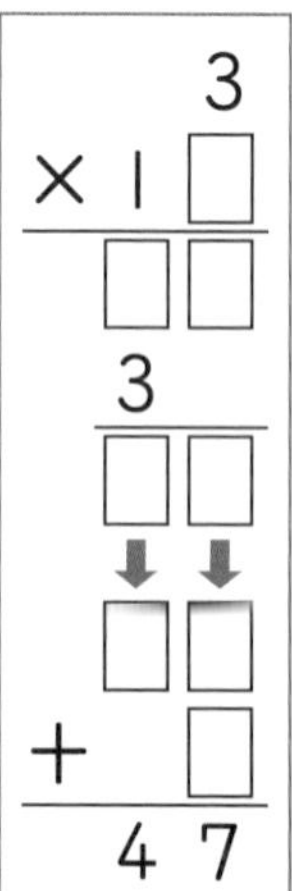

③ 47÷3＝□ あまり□

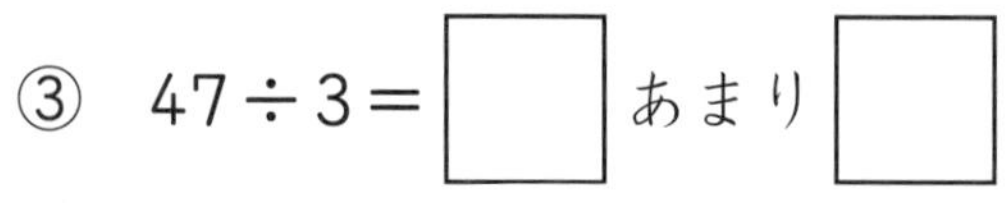

④ 47＝3×□＋□

6 完成テスト　わり算(1)

完成目標時間　20分

●ふく習のめやす
き本テスト・関連ドリルなどでしっかりふく習しよう！

関連ドリル
●わり算　P.7・8，11～22，63・64
●文章題　P.5～16

1 次の計算をしましょう。　〔1問　3点〕

① $90 \div 3$　　② $700 \div 7$

③ $320 \div 8$　　④ $400 \div 5$

⑤ $180 \div 6$　　⑥ $240 \div 4$

2 次の計算をしましょう。　〔1問　4点〕

① $2\overline{)48}$　　② $4\overline{)88}$　　③ $3\overline{)90}$

④ $2\overline{)32}$　　⑤ $3\overline{)84}$　　⑥ $4\overline{)60}$

⑦ $5\overline{)95}$　　⑧ $6\overline{)96}$　　⑨ $5\overline{)80}$

3 次の計算をしましょう。 〔1問 4点〕

① $5\overline{)56}$

② $3\overline{)74}$

③ $4\overline{)67}$

④ $7\overline{)83}$

⑤ $6\overline{)63}$

⑥ $3\overline{)82}$

4 わり算をしてから，けん算をしましょう。 〔1問全部できて 5点〕

① $4\overline{)94}$ 〈けん算〉

94＝

② $7\overline{)80}$ 〈けん算〉

80＝

5 85cmのテープを，同じ長さに5本に切ると，1本は何cmになりますか。 〔6点〕

式

答え（　　　　）

6 79まいの画用紙を，1人に3まいずつ分けると，何人に分けられますか。また，何まいあまりますか。 〔6点〕

式

答え（　　　　　　　　）

7 き本テスト わり算(2)

完成目標時間 20分

き本の問題のチェックだよ。
できなかった問題は，しっかり学習してから
完成テストをやろう！

合計とく点 ／100点

関連ドリル ●わり算 P.23～34

〈3けた÷1けたのわり算〉

1 984÷4の計算を筆算でします。□にあてはまる数を書きましょう。

／24点

〔1問全部できて　6点〕

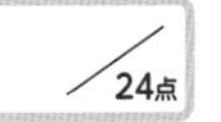

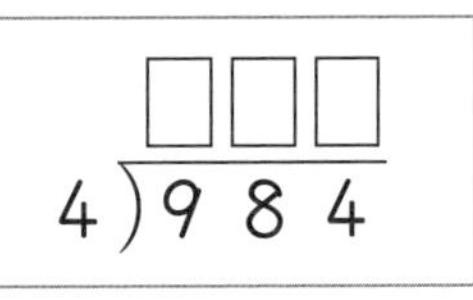

① 百の位を計算します。

9÷4=□ あまり1

② 十の位を計算します。
百の位であまった1と十の位の8で18

18÷4=□ あまり2

③ 一の位を計算します。
十の位であまった2と一の位の4で24

24÷4=□

④ 上の筆算の□に答えを書きましょう。

〈3けた÷1けたのわり算〉

2 739÷6の計算を筆算でします。□にあてはまる数を書きましょう。

／28点

〔1問全部できて　7点〕

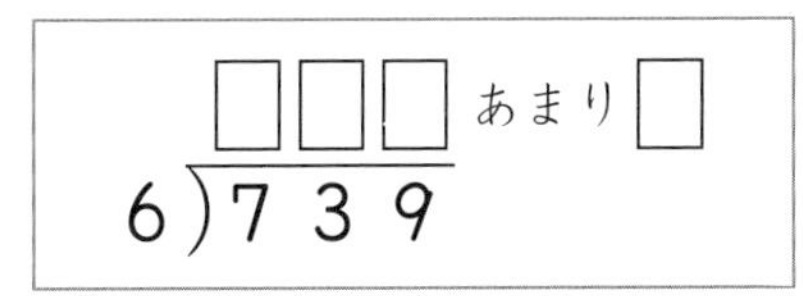

① 百の位を計算します。

7÷6=□ あまり1

② 十の位を計算します。
百の位であまった1と十の位の3で13

13÷6=□ あまり1

③ 一の位を計算します。
十の位であまった1と一の位の9で19

19÷6=□ あまり□

④ 上の筆算の□に答えを書きましょう。

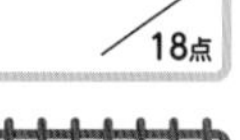

〈3けた÷1けたのわり算〉

3 258÷3の計算を筆算でします。□にあてはまる数を書きましょう。

〔1問全部できて　6点〕

$$3\overline{)258}$$ （商の十の位□，一の位□）

① 2は3でわれないから，十の位（くらい）を計算します。

25÷3＝□ あまり1

② 一の位を計算します。

十の位であまった1と一の位の8で18

18÷3＝□

③ 上の筆算の□に答えを書きましょう。

〈3けた÷1けたのわり算〉

4 478÷6の計算を筆算でします。□にあてはまる数を書きましょう。

〔1問全部できて　6点〕

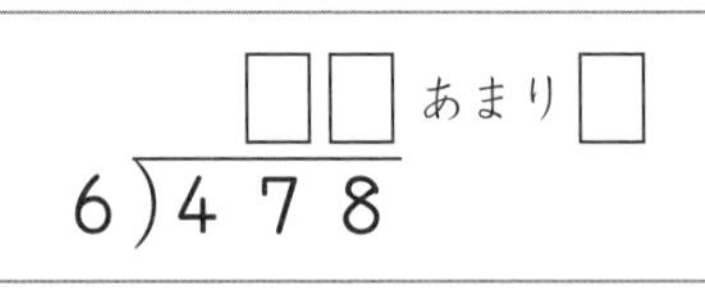

$$6\overline{)478}$$ （商□□ あまり□）

① 4は6でわれないから，十の位を計算します。

47÷6＝□ あまり5

② 一の位を計算します。

十の位であまった5と一の位の8で58

58÷6＝□ あまり□

③ 上の筆算の□に答えを書きましょう。

〈わり算の答えのたつ位〉

5 次のわり算の答えは，何の位からたちますか。

〔1問　6点〕

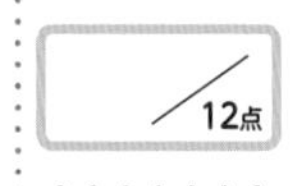

① $4\overline{)716}$

（　　　　）

② $4\overline{)389}$

（　　　　）

8 完成テスト わり算(2)

完成目標時間 20分

●ふく習のめやす
き本テスト・関連ドリルなどでしっかりふく習しよう！

関連ドリル

●わり算　P.23〜34
●文章題　P.9〜16

1 次の計算をしましょう。　〔1問　5点〕

① $2\overline{)286}$

② $7\overline{)721}$

③ $8\overline{)984}$

④ $2\overline{)345}$

⑤ $4\overline{)822}$

⑥ $5\overline{)827}$

2 次の計算をしましょう。　〔1問　5点〕

① $3\overline{)285}$

② $2\overline{)136}$

③ $4\overline{)388}$

④ $4\overline{)215}$

⑤ $8\overline{)489}$

⑥ $7\overline{)615}$

3 次のわり算を暗算でしましょう。 〔1問 3点〕

① $26 \div 2$　　② $39 \div 3$

③ $96 \div 8$　　④ $92 \div 4$

⑤ $480 \div 4$　　⑥ $860 \div 2$

⑦ $750 \div 3$　　⑧ $840 \div 7$

4 845この石けんを，1箱に6こずつ入れていきます。6こ入りの箱は，何箱できますか。また，何こあまりますか。 〔8点〕

答え（　　　　　　　　）

5 470まいの色紙を，9人で同じ数ずつ分けると，1人分は何まいになって，何まいあまりますか。 〔8点〕

答え（　　　　　　　　）

9 き本テスト 完成目標時間 20分

わり算(3)

き本の問題のチェックだよ。
できなかった問題は，しっかり学習してから
完成テストをやろう！

合計とく点 ／100点

関連ドリル ●わり算 P.9・10，39〜62

〈何十でわる計算〉

1 次の①，②の計算をします。□にあてはまる数を書きましょう。

〔1問 10点〕

① 60÷20 の計算

⑩ ⑩ ｜ ⑩ ⑩ ｜ ⑩ ⑩

60÷20＝□

② 120÷40 の計算

⑩ ⑩ ｜ ⑩ ⑩ ｜ ⑩ ⑩
⑩ ⑩ ｜ ⑩ ⑩ ｜ ⑩ ⑩

120÷40＝□

〈何十でわる計算の商とあまり〉

2 次の①，②の計算をします。□にあてはまる数を書きましょう。

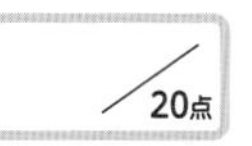

〔1問全部できて 10点〕

① 90÷20 の計算

⑩ ｜ ⑩ ｜ ⑩ ｜ ⑩ ｜
⑩ ｜ ⑩ ｜ ⑩ ｜ ⑩ ｜ ⑩

90÷20＝□ あまり □

② 150÷40 の計算

⑩ ⑩ ｜ ⑩ ⑩ ｜ ⑩ ⑩ ｜ ⑩ ⑩
⑩ ⑩ ｜ ⑩ ⑩ ｜ ⑩ ⑩ ｜ ⑩

150÷40＝□ あまり □

〈2けた÷2けたのわり算〉

3 63÷21 の計算を筆算でします。□にあてはまる数を書きましょう。

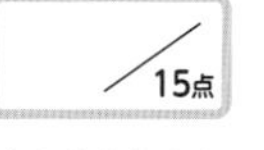

〔① 5点・④全部できて 10点〕

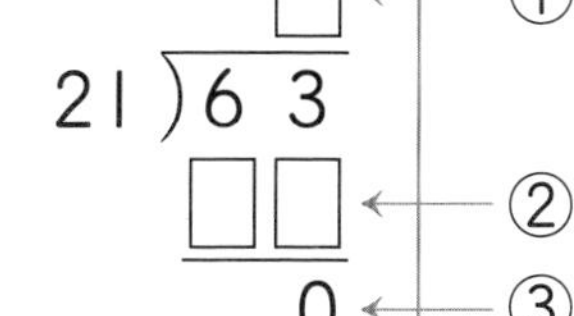

① 商は□になりそうです。

② 21×3 を計算します。

③ ひき算をします。

④ 左の筆算の□にあてはまる数を書きましょう。

〈2けた÷2けたのわり算〉

4 85÷21 の計算を筆算でします。□にあてはまる数を書きましょう。

〔① 5点・④全部できて 10点〕

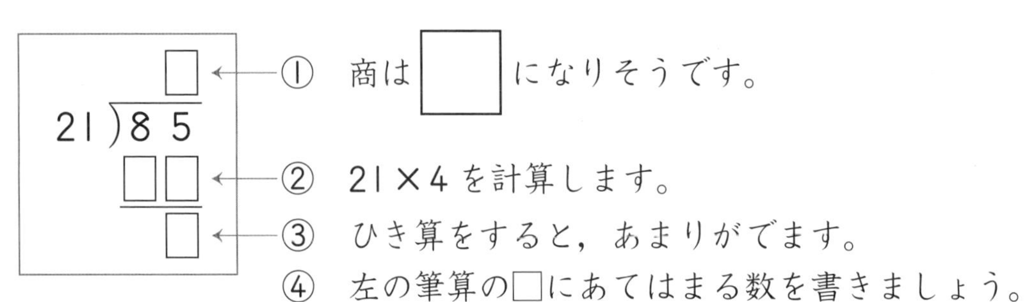

④ 左の筆算の□にあてはまる数を書きましょう。

〈3けた÷2けたのわり算〉

5 126÷21 の計算を筆算でします。□にあてはまる数を書きましょう。

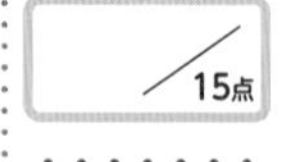

〔① 5点・④全部できて 10点〕

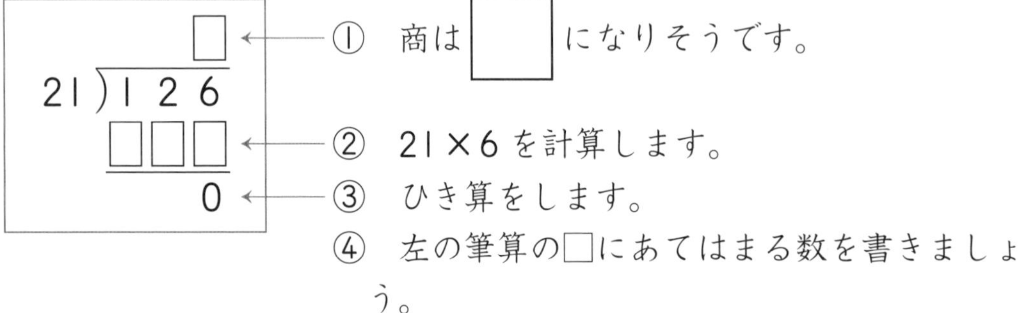

〈3けた÷2けたのわり算〉

6 174÷21 の計算を筆算でします。□にあてはまる数を書きましょう。

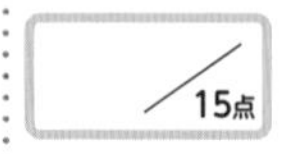

〔① 5点・④全部できて 10点〕

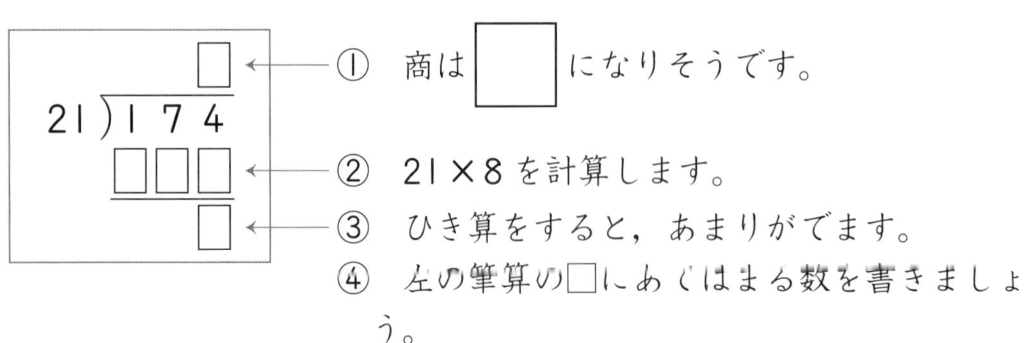

10 完成テスト わり算(3)

完成(かんせい)目標時間(もくひょうじかん) 20分

●ふく習のめやす
き本テスト・関連(かんれん)ドリルなどでしっかりふく習しよう！
0点　80点　100点

合計とく点　／100点

関連(かんれん)ドリル
●わり算　P.9・10，39～62
●文章題　P.19～22

1 次の計算をしましょう。 〔1問　3点〕

① $80 \div 20$　　② $180 \div 30$

③ $90 \div 40$　　④ $170 \div 40$

⑤ $260 \div 60$　　⑥ $450 \div 70$

2 次の計算をしましょう。 〔1問　4点〕

① 14)84　　② 27)81　　③ 23)69

④ 16)82　　⑤ 24)77　　⑥ 32)98

⑦ 29)90　　⑧ 15)95　　⑨ 26)84

3 次の計算をしましょう。　〔1問　4点〕

① $34\overline{)136}$

② $25\overline{)150}$

③ $44\overline{)264}$

④ $39\overline{)368}$

⑤ $76\overline{)502}$

⑥ $39\overline{)304}$

⑦ $85\overline{)255}$

⑧ $72\overline{)248}$

⑨ $55\overline{)440}$

4 なしが88こあります。1箱に12こずつ入れます。何箱できて，何こあまりますか。　〔5点〕

答え（　　　　　　　　）

5 画用紙1まいから，カードを25まい作ることができます。140まいのカードを作るには，画用紙は何まいあればよいでしょうか。　〔5点〕

答え（　　　　　　）

11 き本テスト わり算(4)

完成目標時間 20分

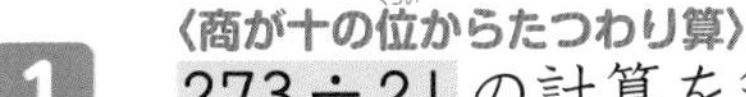

き本の問題のチェックだよ。
できなかった問題は，しっかり学習してから
完成テストをやろう！

合計とく点 /100点

関連ドリル ●わり算 P.65～74

〈商が十の位からたつわり算〉

1 273÷21 の計算を筆算でします。□にあてはまる数やことばを書きましょう。
〔①，②，⑤　4点・⑧全部できて　8点〕

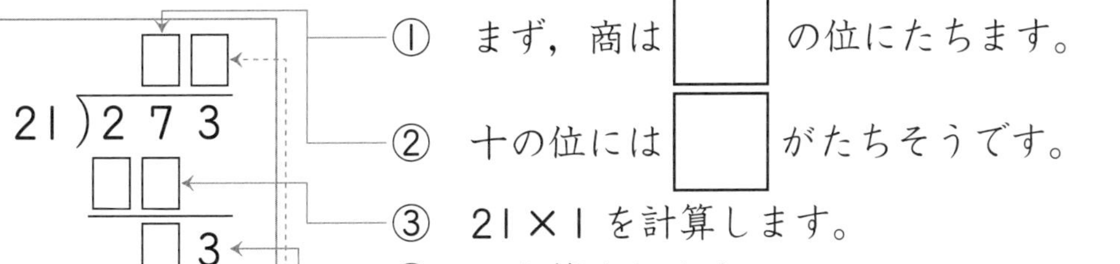

① まず，商は□の位にたちます。

② 十の位には□がたちそうです。

③ 21×1 を計算します。

④ ひき算をします。

⑤ 次に，63÷21 で，商は一の位に□がたちそうです。

⑥ 21×3 を計算します。

⑦ ひき算をします。

⑧ 左の筆算の□にあてはまる数を書きましょう。

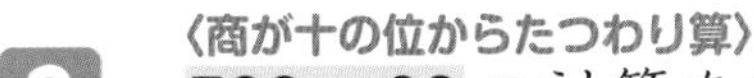

〈商が十の位からたつわり算〉

2 788÷23 の計算を筆算でします。□にあてはまる数やことばを書きましょう。
〔①，②，⑤　4点・⑧全部できて　8点〕

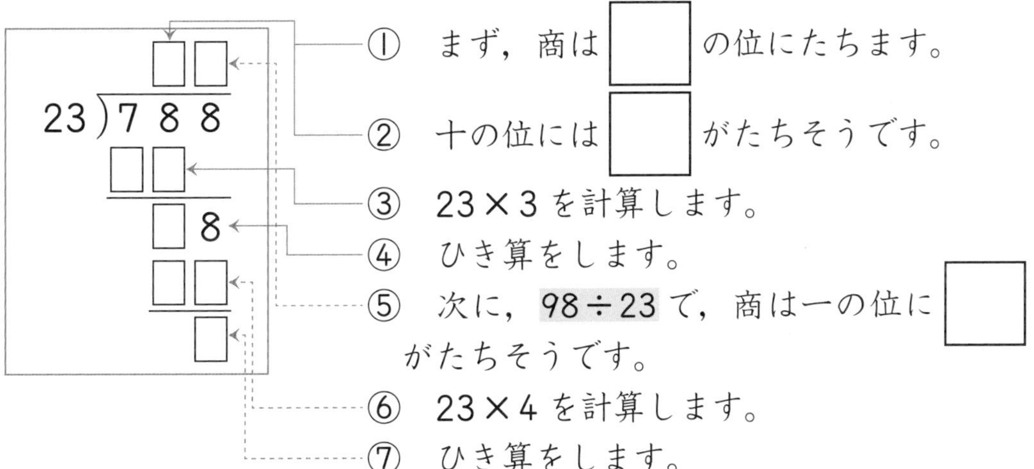

① まず，商は□の位にたちます。

② 十の位には□がたちそうです。

③ 23×3 を計算します。

④ ひき算をします。

⑤ 次に，98÷23 で，商は一の位に□がたちそうです。

⑥ 23×4 を計算します。

⑦ ひき算をします。

⑧ 左の筆算の□にあてはまる数を書きましょう。

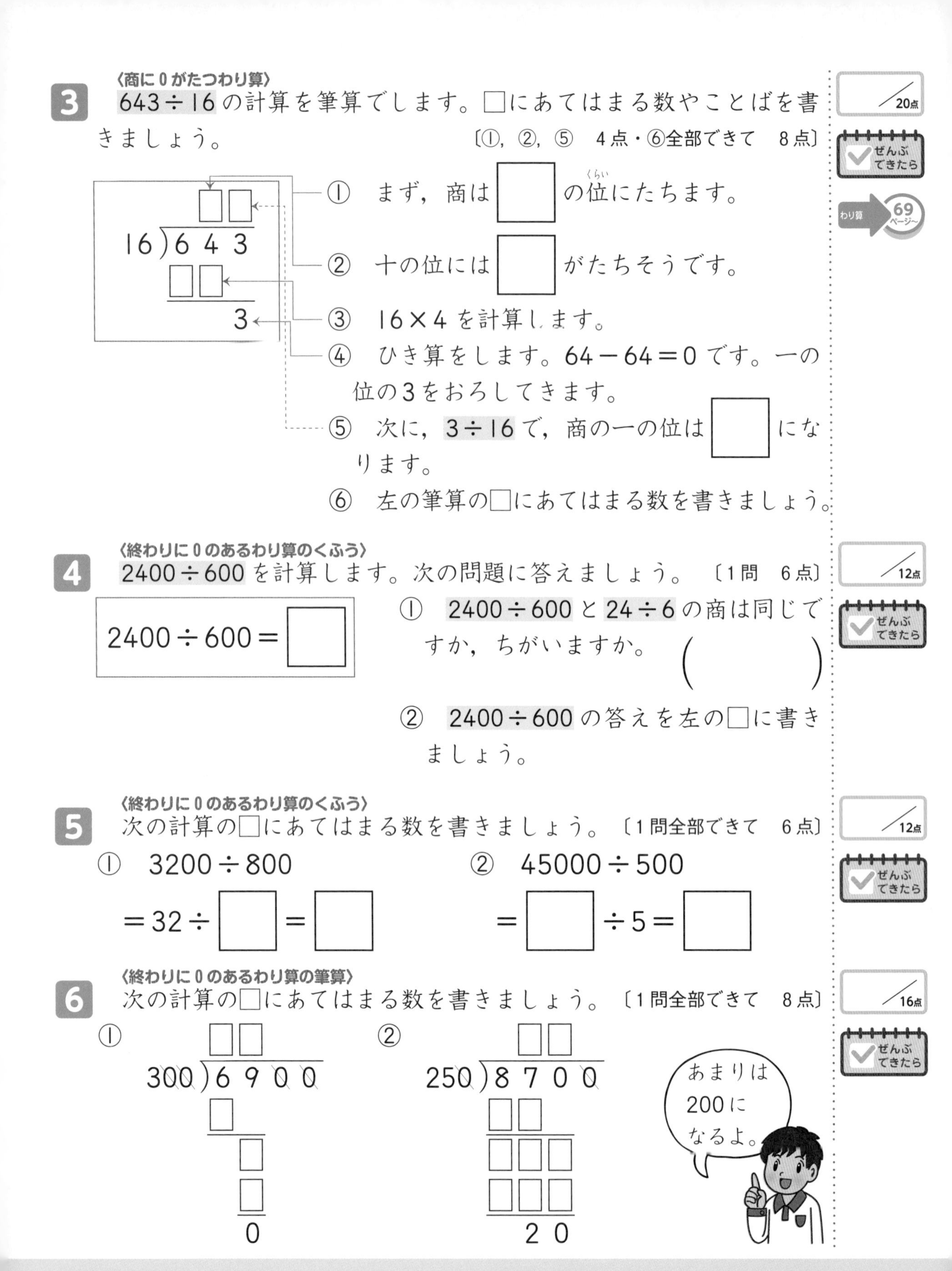

3 〈商に０がたつわり算〉

643÷16 の計算を筆算でします。□にあてはまる数やことばを書きましょう。〔①，②，⑤　4点・⑥全部できて　8点〕

16)6 4 3
□□
□□
3

① まず，商は□の位にたちます。

② 十の位には□がたちそうです。

③ 16×4 を計算します。

④ ひき算をします。64－64＝0 です。一の位の3をおろしてきます。

⑤ 次に，3÷16 で，商の一の位は□になります。

⑥ 左の筆算の□にあてはまる数を書きましょう。

／20点　ぜんぶできたら　わり算 69ページ～

4 〈終わりに０のあるわり算のくふう〉

2400÷600 を計算します。次の問題に答えましょう。〔1問　6点〕

2400÷600＝□

① 2400÷600 と 24÷6 の商は同じですか，ちがいますか。（　　）

② 2400÷600 の答えを左の□に書きましょう。

／12点　ぜんぶできたら

5 〈終わりに０のあるわり算のくふう〉

次の計算の□にあてはまる数を書きましょう。〔1問全部できて　6点〕

① 3200÷800
＝32÷□＝□

② 45000÷500
＝□÷5＝□

／12点　ぜんぶできたら

6 〈終わりに０のあるわり算の筆算〉

次の計算の□にあてはまる数を書きましょう。〔1問全部できて　8点〕

① 300)6900
□□
□
□
□
0

② 250)8700
□□
□□
□□□
□□□
20

／16点　ぜんぶできたら

12 完成テスト

完成目標時間 20分

わり算(4)

ふく習のめやす
き本テスト・関連ドリルなどでしっかりふく習しよう！
0点 80点 合かく 100点

合計とく点 /100点

関連ドリル
●わり算 P.65～74
●文章題 P.19～22

1 次の計算をしましょう。〔1問 5点〕

① $24\overline{)312}$

② $32\overline{)448}$

③ $16\overline{)512}$

④ $32\overline{)768}$

⑤ $18\overline{)774}$

⑥ $27\overline{)945}$

⑦ $23\overline{)284}$

⑧ $35\overline{)843}$

⑨ $18\overline{)580}$

⑩ $26\overline{)856}$

⑪ $17\overline{)776}$

⑫ $37\overline{)974}$

2 次の計算をしましょう。〔1問　5点〕

①
$18\overline{)5\ 4\ 0}$

②
$24\overline{)9\ 6\ 5}$

③
$32\overline{)6\ 5\ 2}$

3 〔例〕にならって，次の計算をしましょう。〔1問　5点〕

〔例〕 8400÷600

```
       1 4
600)8 4 0 0
    6
    2 4
    2 4
      0
```

① 7200÷400

② 7900÷260

③ 7400÷320

4 300このクッキーを，1箱に12こずつ入れると，何箱できますか。〔5点〕

答え（　　　　）

5 大きな水そうに，水が550L入っています。この水を12L入るバケツでくみ出すと，何回で全部の水をくみ出すことができますか。〔5点〕

答え（　　　　）

完成目標時間 20分

がい数

き本の問題のチェックだよ。
できなかった問題は，しっかり学習してから
完成テストをやろう！

合計とく点 ／100点

関連ドリル ●数・量・図形 P.13〜18

〈がい数の意味〉

1 「28000」について，次の問題に答えましょう。 〔1問　4点〕

／8点

2万　3万

↑
28000

① 2万と3万のどちらに近いでしょうか。 (　　　)

② およそ何万といえますか。 (　　　)

ぜんぶできたら

数・量・図形 13ページ

〈がい数で表す〉

2 次の数は，およそ何千といえますか。数字で書きましょう。

〔1問　5点〕

／20点

2000　3000　4000　5000

① 2180 (　　　)　② 3650 (　　　)

③ 4830 (　　　)　④ 4420 (　　　)

ぜんぶできたら

数・量・図形 13ページ

〈四捨五入の意味〉

3 1000から2000までの間の数を百の位で四捨五入してがい数にすると，1000または2000になります。四捨五入について，①，②の□にあてはまる数を書きましょう。 〔1問全部できて　6点〕

／12点

1040，1140，1240，1340，1440
四捨五入すると
⬇
1000

① 百の位の数字が，
0，□，□，□，□
のときは，切り捨てて1000にする。

1540，1640，1740，1840，1940
四捨五入すると
⬇
2000

② 百の位の数字が，
□，□，□，□，□
のときは，切り上げて2000にする。

ぜんぶできたら

数・量・図形 13ページ〜

4 〈四捨五入する位〉

265を四捨五入して，百の位までのがい数にします。〔1問　6点〕

12点 ぜんぶできたら 数・量・図形 13ページ〜

① 何の位を四捨五入すればよいでしょうか。（　　　）

② 四捨五入する位の数字を書きましょう。（　　　）

5 〈上から2けたのがい数にする〉

2730を四捨五入して，上から2けたのがい数にします。〔1問　6点〕

12点 ぜんぶできたら 数・量・図形 14ページ〜

① 上から何けためを四捨五入すればよいでしょうか。

（　　　）

② 四捨五入する位の数字を書きましょう。（　　　）

6 〈四捨五入のしかた〉

2682や2645を四捨五入して，百の位までのがい数にするには，下の〔例〕のようにします。〔例〕にならって，次の数を百の位までのがい数にしましょう。

〔1問　6点〕

24点 ぜんぶできたら 数・量・図形 13ページ〜

〔例〕

700
2682

00
2645

① 3524（　　　）　② 4216（　　　）

③ 8283（　　　）　④ 8209（　　　）

7 〈以上，以下，未満〉

10以上15未満の整数について，次の問題に答えましょう。

〔1問全部できて　4点〕

12点 ぜんぶできたら 数・量・図形 17・18ページ

10以上15未満

9 10 11 12 13 14 15

① 10は入りますか，入りませんか。

（　　　）

② 15は入りますか，入りませんか。

（　　　）

③ いくつ以上いくつ以下といえますか。

（　　　）以上（　　　）以下

14 き本テスト②　がい数

完成目標時間　20分

き本の問題のチェックだよ。
できなかった問題は，しっかり学習してから
完成テストをやろう！

合計とく点　／100点

関連ドリル
●数・量・図形　P.19・20
●文章題　P.23～26

〈がい数のたし算・ひき算〉

1 百の位までのがい数にして計算しましょう。　〔1問　7点〕

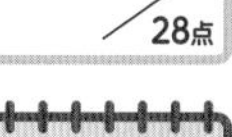

① 1230＋3674　（　　　　）

② 2064＋325　（　　　　）

③ 8408－6394　（　　　　）

④ 6821－954　（　　　　）

〈がい数のかけ算〉

2 かけられる数とかける数を上から1けたのがい数にして計算しましょう。　〔1問　8点〕

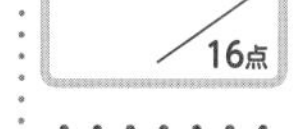

① 28×32　（　　　　）

② 617×19　（　　　　）

〈がい数のわり算〉

3 わられる数とわる数を上から1けたのがい数にして計算しましょう。　〔1問　8点〕

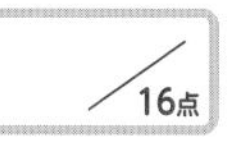

数・量・図形　20ページ

① 378÷18　（　　　　）

② 1872÷39　（　　　　）

〈がい数でもとめる問題〉

4 たけしさんの市の動物園の入園者数は，下の表のとおりでした。次の問題に答えましょう。

〔1問　10点〕

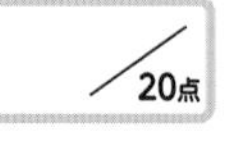

① 2日間の入園者数の合計は約何千人ですか。千の位までのがい数で表して計算しましょう。

入園者数（人）

土曜日	3715
日曜日	4183

式

答え（　　　　　）

② 2日間の入園者数のちがいは約何百人ですか。百の位までのがい数で表して計算しましょう。

式

答え（　　　　　）

〈がい数でもとめる問題〉

5 ゆみさんは1しゅう391mの池のまわりを，今までに23しゅう走りました。今までに約何m走ったことになりますか。かけられる数とかける数を上から1けたのがい数にして積を見つもりましょう。〔10点〕

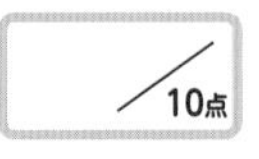

式

答え（　　　　　）

〈がい数でもとめる問題〉

6 子ども会で遠足に行きます。バス代は全部で31500円だそうです。これを28人で同じように分けて出すと，1人分は約何円になりますか。わられる数とわる数を上から1けたのがい数にして，商を見つもりましょう。

〔10点〕

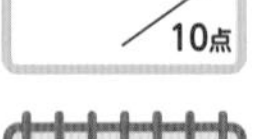

式

答え（　　　　　）

15 完成テスト 完成目標時間 20分

がい数

ふく習のめやす
き本テスト・関連ドリルなどでしっかりふく習しよう！
0点 80点 合かく 100点

合計とく点 /100点

関連ドリル ●数・量・図形 P.13〜20 ●文章題 P.23〜26

1 次の数を四捨五入して，千の位までのがい数にしましょう。〔1問 4点〕

① 24675 (　　　)　② 46370 (　　　)

③ 52040 (　　　)　④ 70812 (　　　)

2 次の数を四捨五入して，一万の位までのがい数にしましょう。〔1問 4点〕

① 246283 (　　　)　② 364521 (　　　)

③ 661500 (　　　)　④ 499990 (　　　)

3 次の数を四捨五入して，上から2けたのがい数にしましょう。〔1問 4点〕

① 54017 (　　　)　② 51562 (　　　)

③ 608921 (　　　)　④ 734997 (　　　)

4 次の数は，四捨五入して十の位までのがい数にすると，どちらも350になります。□にあてはまる数字を全部書きましょう。〔1問全部できて 6点〕

① 35□　② 34□

(　　　)　(　　　)

5 次の数のうち，四捨五入して百の位までのがい数にすると4000になるのはどれですか。全部えらんで◯でかこみましょう。〔全部できて　10点〕

3940,	4025,	3970,	4090,	4049,	3950,	3949

6 十の位を四捨五入してがい数にしたとき，1500になる数について，もとの数のはんいを(　)に数を入れて表しましょう。〔全部できて　10点〕

(　　　　)以上　(　　　　)未満

7 はなさんの町の男女の人数は，右の表のとおりです。はなさんの町の人口は，全部で約何万何千人ですか。がい数で表して計算しましょう。〔10点〕

	人口(人)
男	17456
女	20814

答え (　　　　　　)

8 4年1組の39人が電車で工場見学に行きます。電車代は1人620円かかります。電車代は全部で約何円になりますか。かけられる数とかける数を上から1けたのがい数にして，積を見つもりましょう。〔10点〕

16 き本テスト 小数

完成目標時間 20分

き本の問題のチェックだよ。
できなかった問題は，しっかり学習してから
完成テストをやろう！

合計とく点 /100点

関連ドリル
●数・量・図形 P.21～28
●分数・小数 P.7～14

〈小数のしくみ〉

1 3.246 は，1，0.1，0.01，0.001 をそれぞれいくつあわせた数ですか。□にあてはまる数を書きましょう。 〔全部できて 4点〕

/4点

3.246 は { 1 を □ つ，0.1 を □ つ，0.01 を □ つ，0.001 を □ つ } あわせた数です。

〈小数の位どり〉

2 2.734 について，次の問題に答えましょう。 〔1問 4点〕

/8点

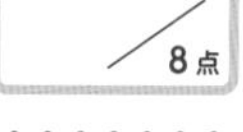

① $\frac{1}{100}$ の位の数字は何ですか。 (　　　)

② $\frac{1}{1000}$ の位の数字は何ですか。 (　　　)

〈小数のしくみ〉

3 次の数を書きましょう。 〔1問 3点〕

/18点

① 0.001 の10倍 (　　　)

② 0.01 の10倍 (　　　)

③ 0.1 の10倍 (　　　)

④ 1 の $\frac{1}{10}$ (　　　)

⑤ 0.1 の $\frac{1}{10}$ (　　　)

⑥ 0.01 の $\frac{1}{10}$ (　　　)

〈小数の表し方〉

4 次の□のかさは何Lですか。 〔1問 4点〕

/12点

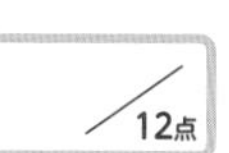

① 

② 

③ 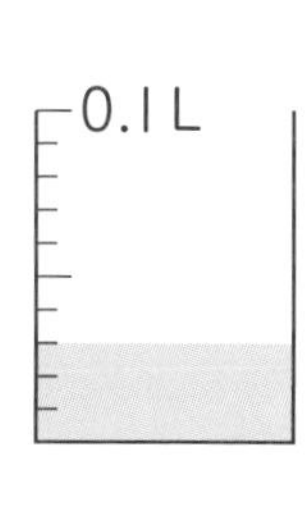

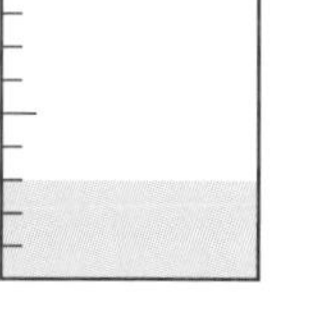

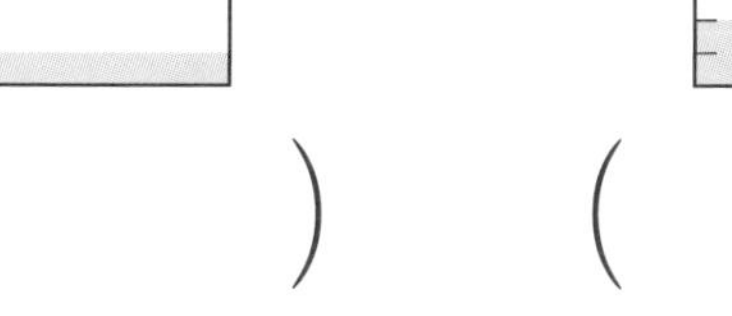

(　　　) (　　　) (　　　)

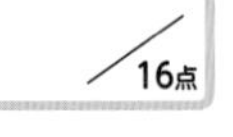

〈小数の表し方〉

5 次の問題に答えましょう。〔1つ　4点〕

数・量・図形 23ページ～

① 次の数直線で，Ⓐ，Ⓘが表す長さは何mですか。

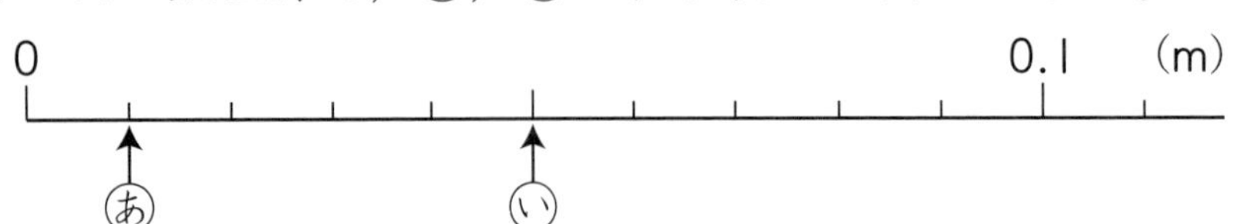

あ(　　　　)　い(　　　　)

② 次の数直線で，う，えが表す長さは何mですか。

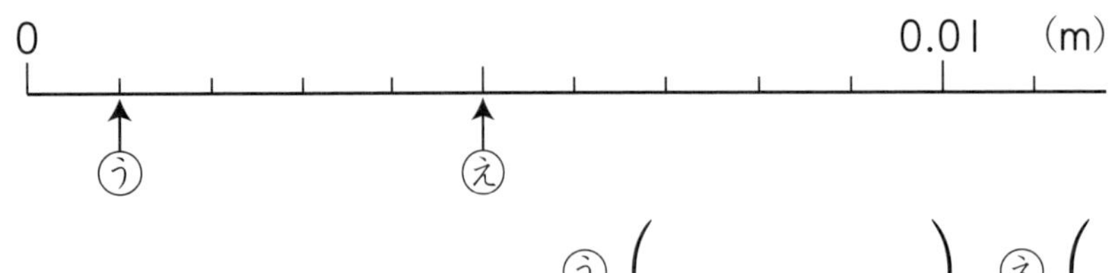

う(　　　　)　え(　　　　)

〈小数の表し方〉

6 次の□にあてはまる小数を書きましょう。〔1問　3点〕

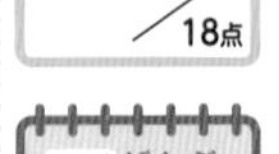

① 100g $\left(1\text{kg}の\frac{1}{10}\right)$ は□kg

② 10g $\left(0.1\text{kg}の\frac{1}{10}\right)$ は□kg

③ 1g $\left(0.01\text{kg}の\frac{1}{10}\right)$ は□kg

④ 100m $\left(1\text{km}の\frac{1}{10}\right)$ は□km

⑤ 10m $\left(0.1\text{km}の\frac{1}{10}\right)$ は□km

⑥ 1m $\left(0.01\text{km}の\frac{1}{10}\right)$ は□km

数・量・図形 24ページ～

〈小数のたし算〉

7 次の計算の□にあてはまる数を書きましょう。また，小数点を正しいところにうちましょう。〔1問全部できて　4点〕

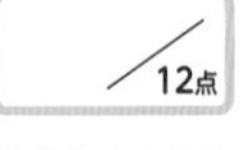

分数・小数 8ページ～

①

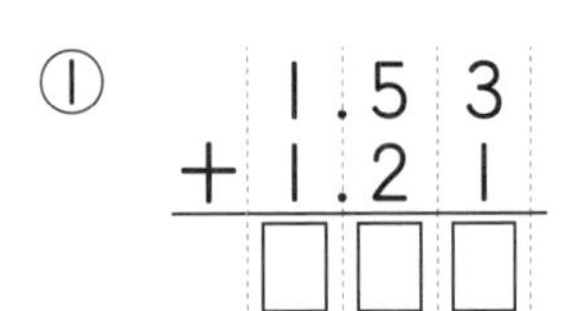

②

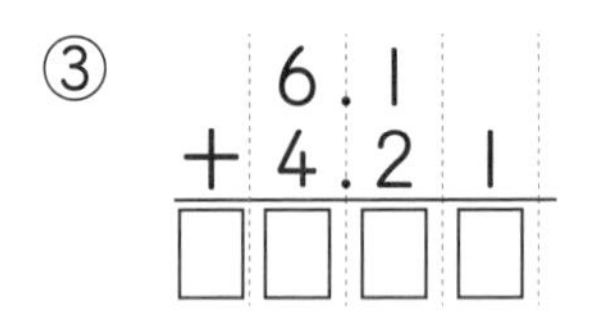

③
  6.1
+ 4.2 1
□□□□

〈小数のひき算〉

8 次の計算の□にあてはまる数を書きましょう。また，小数点を正しいところにうちましょう。〔1問全部できて　4点〕

①
  4.7 5
− 2.3 1
□□□

②
  3.6 2
− 0.4 7
□□□

③
  4.7 6
− 3.4
□□□

17 完成テスト①

完成目標時間 20分

小　数

●ふく習のめやす
き本テスト・関連ドリルなどでしっかりふく習しよう！
0点　80点 合かく　100点

合計とく点　／100点

関連ドリル　●数・量・図形　P.21～28

1 次の数を書きましょう。〔1問　3点〕

① 1を2つと，0.1を3つと，0.01を5つと，0.001を4つあわせた数
（　　　　）

② 0.1を8つと，0.01を6つと，0.001を1つあわせた数
（　　　　）

③ 0.1を7つと，0.001を2つあわせた数（　　　　）

2 次の数は，0.01をいくつ集めた数ですか。〔1問　3点〕

① 0.08（　　　　）　② 0.6（　　　　）　③ 1.15（　　　　）

3 次の数は，0.001をいくつ集めた数ですか。〔1問　3点〕

① 0.006（　　　　）　② 0.03（　　　　）　③ 0.15（　　　　）

4 次の数を答えましょう。〔1問　3点〕

① 83.1の$\frac{1}{10}$（　　　　）　② 8.31の$\frac{1}{10}$（　　　　）

③ 0.469の10倍（　　　　）　④ 4.69の10倍（　　　　）

5 0.1を13と，0.001を25あわせた数はいくつですか。 〔3点〕

(　　　　)

6 次の数は下の数直線の目もりのどこにあたりますか。↑で表しましょう。
〔1問　4点〕

① 0.08　② 0.84　③ 1.15

0　0.5　1

7 次の2つの数の大小をくらべ，□の中に不等号(ふとうごう)を書きましょう。
〔1問　4点〕

① 0.1 □ 0.09　② 0.109 □ 0.19

③ 3.24 □ 3.42　④ 7.003 □ 7.203

8 次の長さや重さやかさを，〔　〕の中の単位(たんい)で表しましょう。 〔1問　3点〕

① 145cm〔m〕(　　　)　② 15cm〔m〕(　　　)

③ 1.8m〔cm〕(　　　)　④ 0.24m〔cm〕(　　　)

⑤ 65m〔km〕(　　　)　⑥ 1.05km〔m〕(　　　)

⑦ 35g〔kg〕(　　　)　⑧ 21.5kg〔g〕(　　　)

⑨ 3dL〔L〕(　　　)　⑩ 1.2L〔dL〕(　　　)

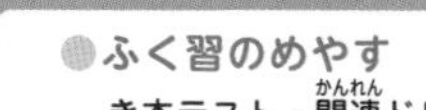

完成目標時間 30分

小 数

●ふく習のめやす
き本テスト・関連ドリルなどでしっかりふく習しよう！
0点 80点 合かく 100点

合計とく点 /100点

関連ドリル
●分数・小数 P.7〜14
●文章題 P.37〜44

1 次の計算をしましょう。 〔1問 4点〕

① $\begin{array}{r} 1.62 \\ +\ 2.34 \\ \hline \end{array}$

② $\begin{array}{r} 3.28 \\ +\ 2.57 \\ \hline \end{array}$

③ $\begin{array}{r} 3.07 \\ +\ 0.98 \\ \hline \end{array}$

④ $\begin{array}{r} 3.26 \\ +\ 3.8 \\ \hline \end{array}$

⑤ $\begin{array}{r} 7.46 \\ +\ 1.54 \\ \hline \end{array}$

⑥ $\begin{array}{r} 12.35 \\ +\ \ \ 0.8 \\ \hline \end{array}$

⑦ 6＋4.51

⑧ 5.4＋4.68

⑨ 7.45＋8.39

⑩ 3.64＋15.7

2 あんなさんの荷物は2.7kgあります。ひかりさんの荷物は，あんなさんの荷物より650g重いそうです。ひかりさんの荷物は何kgですか。 〔6点〕

式

答え（　　　　）

3 次の計算をしましょう。〔1問　4点〕

① $\begin{array}{r} 2.86 \\ -\ 1.52 \\ \hline \end{array}$

② $\begin{array}{r} 5.82 \\ -\ 2.58 \\ \hline \end{array}$

③ $\begin{array}{r} 8.46 \\ -\ 2.5 \\ \hline \end{array}$

④ $\begin{array}{r} 7.03 \\ -\ 2.31 \\ \hline \end{array}$

⑤ $\begin{array}{r} 2.35 \\ -\ 2.19 \\ \hline \end{array}$

⑥ $\begin{array}{r} 3.7 \\ -\ 1.24 \\ \hline \end{array}$

⑦ $8.57-5.32$

⑧ $4.6-2.57$

⑨ $2-1.64$

⑩ $12.6-1.56$

⑪ $3.2-0.28$

⑫ $6-5.08$

4 重さ1.25kgの入れ物に，みかんを入れて重さをはかったら4.03kgありました。みかんだけの重さは何kgですか。〔6点〕

答え（　　　　）

19 き本テスト 完成目標時間 20分

小数のかけ算

き本の問題のチェックだよ。
できなかった問題は，しっかり学習してから
完成テストをやろう！

合計とく点 ／100点

関連ドリル ●分数・小数 P.15～28

1 〈小数に整数をかける計算〉

次の計算をしましょう。〔1問　4点〕

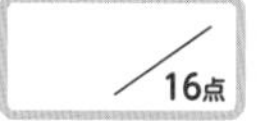

① 0.3×2　② 0.6×3

③ 0.8×5　④ 1.2×3

2 〈小数×整数の筆算〉

3.2×4 を筆算で計算します。次の問題に答えましょう。

〔1問全部できて　5点〕

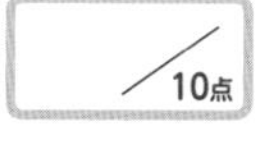

```
   3.2
×    4
──────
 □□□
```

① 小数点がないものとして，32×4 の積を左の筆算の□に書きましょう。

② 答えの小数点を正しいところにうちましょう。

3 〈小数×整数の筆算〉

次の計算の□にあてはまる数を書きましょう。また，小数点を正しいところにうちましょう。〔1問全部できて　6点〕

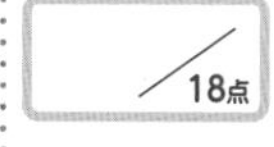

```
① 3.6      ② 4.6      ③  1.6
 ×   3      ×   5       × 2 4
 ─────      ─────       ─────
  □□□       □□0         □□
                        □□
                        ─────
                        □□□
```

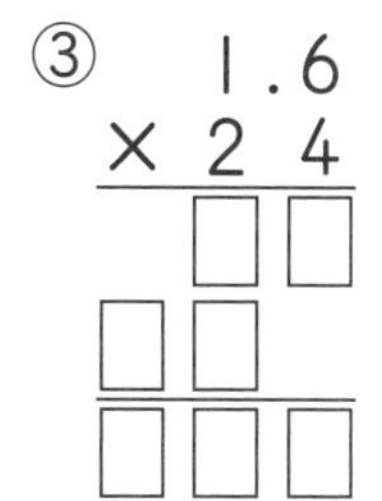

4 〈小数×整数の筆算〉

2.14×3 を筆算で計算します。次の問題に答えましょう。

〔1問全部できて　5点〕

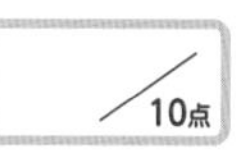

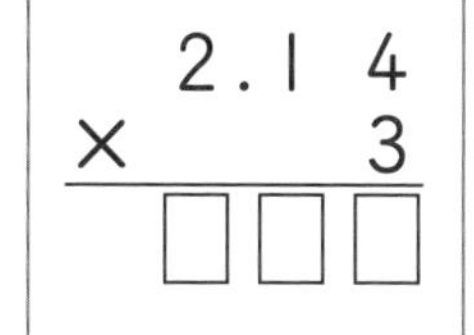

```
  2.1 4
×     3
───────
  □□□
```

① 小数点がないものとして，214×3 の積を左の筆算の□に書きましょう。

② 答えの小数点を正しいところにうちましょう。

〈小数×整数の筆算〉

5 次の計算の□にあてはまる数を書きましょう。また，小数点を正しいところにうちましょう。

〔1問全部できて　6点〕

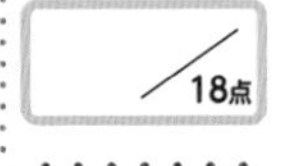

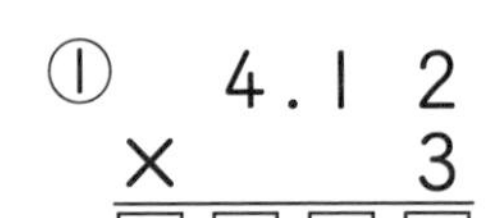

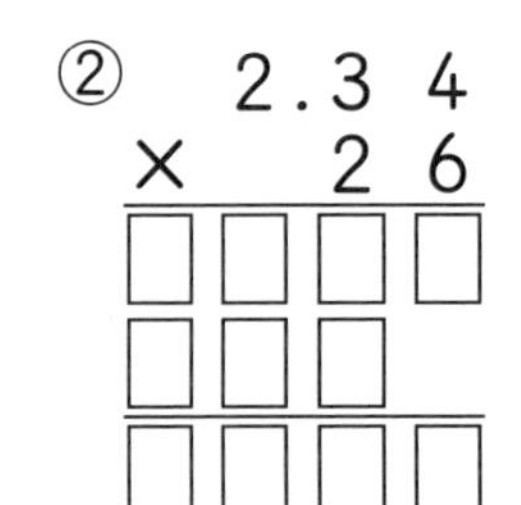

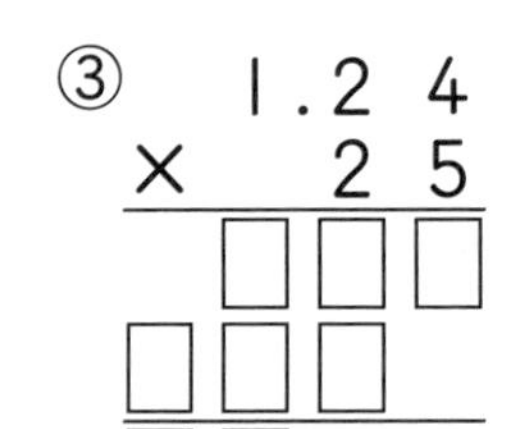

〈小数×整数の筆算〉

6 0.4×43 を筆算で計算します。次の問題に答えましょう。

〔1問全部できて　5点〕

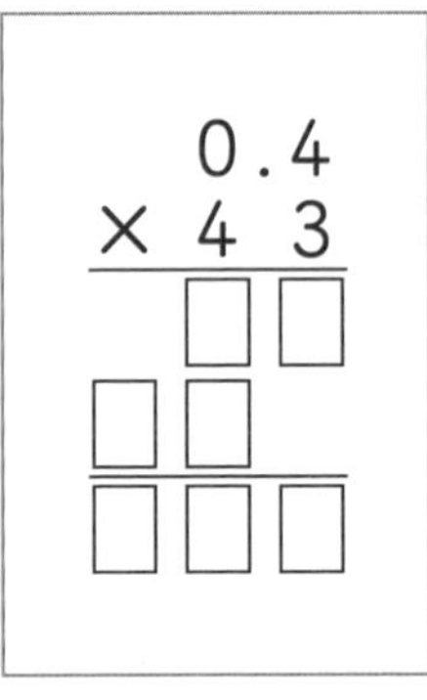

① 小数点がないものとして，4×43 の積（せき）を左の□に書きましょう。

② 答えの小数点を正しいところにうちましょう。

〈小数×整数の筆算〉

7 次の計算の□にあてはまる数を書きましょう。また，小数点を正しいところにうちましょう。

〔1問全部できて　6点〕

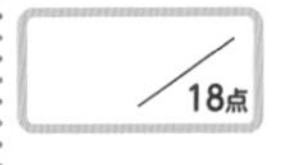

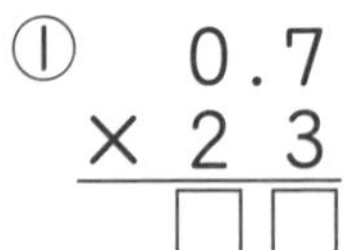

② 0.38 × 54

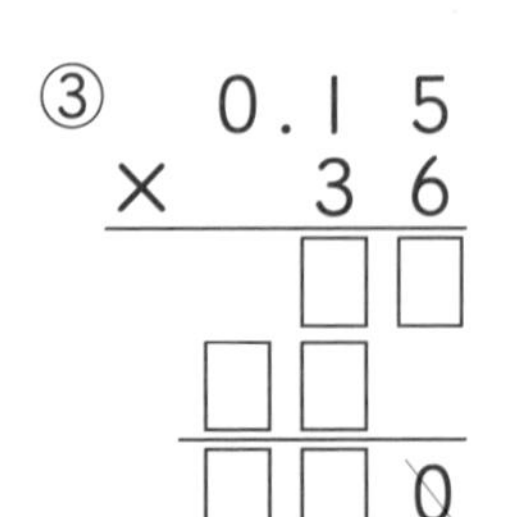

完成目標時間 25分

小数のかけ算

●ふく習のめやす
き本テスト・関連ドリルなどでしっかりふく習しよう！
合かく
0点 80点 100点

合計とく点 ／100点

関連ドリル
●分数・小数 P.15〜28
●文章題 P.45・46

1 次の計算を暗算でしましょう。 〔1問 4点〕

① 0.4×6 ② 0.6×3

③ 0.04×2 ④ 0.08×7

⑤ 1.2×3 ⑥ 1.8×4

2 次の計算をしましょう。 〔1問 4点〕

① 8.6 × 4

② 7.5 × 9

③ 54.6 × 7

④ 4.65 × 8

⑤ 0.39 × 6

⑥ 3.25 × 8

⑦ 0.57×6 ⑧ 1.82×8

3 次の計算をしましょう。 〔1問　4点〕

① $\begin{array}{r} 2.8 \\ \times\ 13 \\ \hline \end{array}$

② $\begin{array}{r} 0.7 \\ \times\ 38 \\ \hline \end{array}$

③ $\begin{array}{r} 13.6 \\ \times\ \ 24 \\ \hline \end{array}$

④ $\begin{array}{r} 3.52 \\ \times\ \ 48 \\ \hline \end{array}$

⑤ $\begin{array}{r} 2.13 \\ \times\ \ 65 \\ \hline \end{array}$

⑥ $\begin{array}{r} 7.36 \\ \times\ \ 40 \\ \hline \end{array}$

⑦ 0.72×47

⑧ 45.2×38

4 1こ5.2kgの荷物が6こあります。全部の重さは何kgですか。 〔6点〕

式

答え（　　　　）

5 1mの重さが0.65kgのはり金があります。このはり金15mの重さは何kgですか。 〔6点〕

答え（　　　　）

21 き本テスト 小数のわり算

完成目標時間 20分

き本の問題のチェックだよ。
できなかった問題は，しっかり学習してから
完成テストをやろう！

合計とく点　　／100点

関連ドリル　●分数・小数　P.31～40

〈小数を整数でわる計算〉

1 次の計算をしましょう。〔1問　4点〕

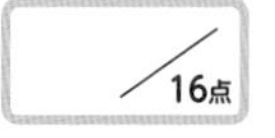

① 0.8÷2　　② 0.9÷3

③ 1.8÷3　　④ 3.9÷3

〈小数÷整数の筆算〉

2 9.2÷4 を筆算で計算します。次の問題に答えましょう。〔1問全部できて　7点〕

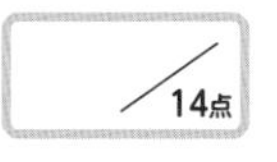

① まず，小数点がないものとして計算します。左の□にあてはまる数を書いて，92÷4 を計算しましょう。

② 答えの小数点を正しいところにうちましょう。

〈小数÷整数の筆算〉

3 次の計算の□にあてはまる数を書きましょう。また，小数点を正しいところにうちましょう。〔1問全部できて　5点〕

① 6)79.2

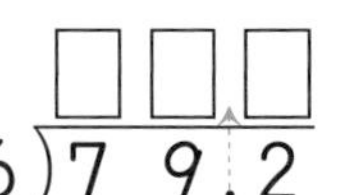

② 8)18.4

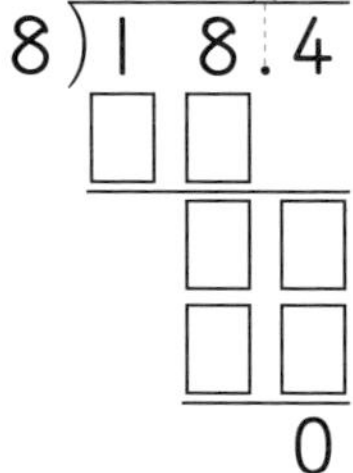

③ 16)36.8

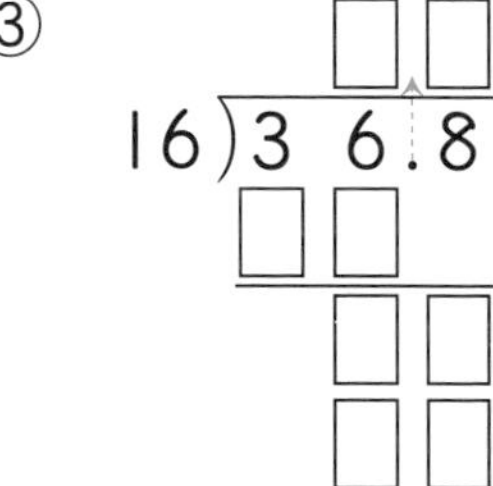

4 〈小数÷整数の筆算〉

次の計算をして，小数点を正しいところにうちましょう。〔1問全部できて 5点〕

15点

① 4)8.96

② 21)7.35

③ 14)0.98

ぜんぶできたら

分数・小数 32ページ～

5 〈あまりの大きさ〉

13.7÷3の計算をして，商を $\frac{1}{10}$ の位までもとめました。〔1問全部できて 7点〕

14点

$$\begin{array}{r} 4.5 \\ 3\overline{)13.7} \\ 12 \\ \hline 17 \\ 15 \\ \hline 2 \end{array}$$

① あまりは，いくつですか。正しいほうを○でかこみましょう。〔 2　　0.2 〕

② □にあてはまる数を書いて，けん算しましょう。

4.5×3＋□＝□

ぜんぶできたら

6 〈わり進むわり算〉

次の計算をわりきれるまでします。□にあてはまる数を書きましょう。

10点

〔1問全部できて 5点〕

① 6)9.0 → 1.□

② 16)5.60 → 0.3□

ぜんぶできたら

分数・小数 32ページ～

7 〈商をがい数でもとめる〉

8÷3の商を四捨五入して，$\frac{1}{10}$ の位までのがい数でもとめます。〔1問全部できて 8点〕

16点

① 商をどの位までもとめてから四捨五入しますか。（　　　）

② 右の計算のつづきをして，答えをもとめましょう。（　　　）

3)8.00 → 2.□□

ぜんぶできたら

22 完成テスト

完成(かんせい)目標時間(もくひょうじかん) 30分

小数のわり算

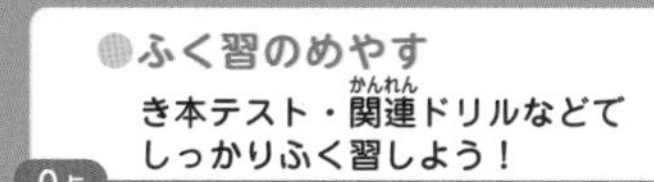

関連(かんれん)ドリル
●分数・小数　P.31〜40
●文章題　P.47〜54

1 次の計算を，わりきれるまでしましょう。　〔1問　5点〕

① $4\overline{)9.6}$　② $5\overline{)24.5}$　③ $8\overline{)5.2}$

④ $21\overline{)75.6}$　⑤ $15\overline{)4.2}$　⑥ $16\overline{)3.84}$

⑦ $8.24 \div 8$　⑧ $45 \div 8$

2 次のわり算で，商を$\frac{1}{10}$の位(くらい)までもとめて，あまりも出しましょう。

〔1問　5点〕

① $20.7 \div 6$　② $3.8 \div 9$　③ $75.5 \div 18$

3 次のわり算で，商を四捨五入して $\frac{1}{10}$ の位までのがい数でもとめましょう。

〔1問　5点〕

① 17÷3　　② 33.2÷9　　③ 24.6÷27

(　　　)　(　　　)　(　　　)

4 石油が44.5Lあります。これを6L入りのかんに入れると，何かんできて何Lあまりますか。

〔10点〕

式

答え (　　　)

5 4mの重さが13.8kgの鉄のぼうがあります。この鉄のぼう1mの重さは何kgですか。

〔10点〕

式

答え (　　　)

6 ひろとさんの体重は40kg，お父さんの体重は74kgです。お父さんの体重は，ひろとさんの体重の約何倍ですか。答えは四捨五入して，$\frac{1}{10}$ の位までもとめましょう。

〔10点〕

式

答え (　　　)

分　数

き本の問題のチェックだよ。
できなかった問題は，しっかり学習してから
完成テストをやろう！

合計とく点　／100点

関連ドリル
●数・量・図形　P.29～34
●分数・小数　P.51～60

〈分数の種類〉

1 次のような分数は，何という分数ですか。〔1問　5点〕

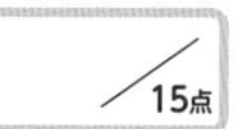

① 分子が分母より小さい分数（1より小さい分数）　（　　　）

② 分子が分母に等しいか，分子が分母より大きい分数（1に等しいか，1より大きい分数）　（　　　）

③ 整数と真分数の和になっている分数（1より大きい分数）　（　　　）

〈仮分数と帯分数〉

2 次の□の部分のかさを，仮分数と帯分数で表しましょう。

〔（　）1つ　7点〕

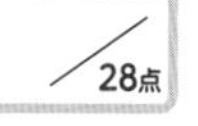

① 2dL　1dL

仮分数（　　　）dL

帯分数（　　　）dL

② 2dL　1dL

仮分数（　　　）dL

帯分数（　　　）dL

〈仮分数を帯分数になおす〉

3 $\frac{7}{4}$を帯分数になおします。次の問題に答えましょう。〔1問　5点〕

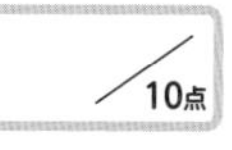

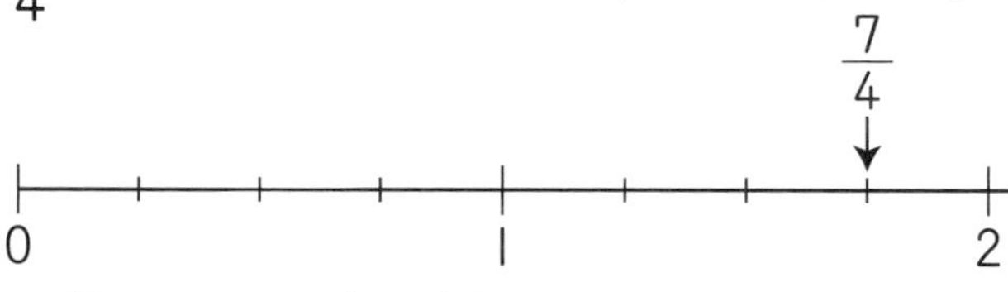

① $\frac{7}{4}$には，$1\left(=\frac{4}{4}\right)$がいくつありますか。　（　　　）

② $\frac{7}{4}$を帯分数になおしましょう。　（　　　）

〈帯分数を仮分数になおす〉

4 $1\frac{1}{5}$を仮分数になおします。次の問題に答えましょう。〔1問　5点〕

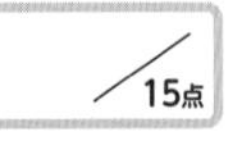

$1\frac{1}{5}$

0　　1　　2

① 1は$\frac{1}{5}$がいくつ集まった数ですか。　（　　　）

② $1\frac{1}{5}$は$\frac{1}{5}$がいくつ集まった数ですか。　（　　　）

③ $1\frac{1}{5}$を仮分数になおしましょう。　（　　　）

〈等しい分数〉

5 下の数直線を見て，①，②と等しい分数を全部書きましょう。

〔1問全部できて　10点〕

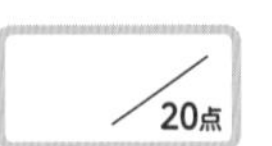

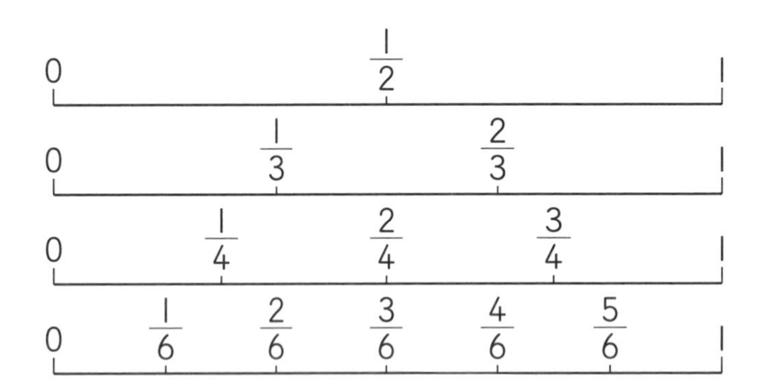

① $\frac{1}{2}$（　　　）　② $\frac{2}{3}$（　　　）

〈分数の大小〉

6 次の〔　〕の中の分数を，大きいじゅんに（　）に書きましょう。

〔全部できて　12点〕

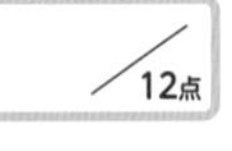

〔 $\frac{3}{5}$　$\frac{3}{7}$　$\frac{3}{4}$ 〕

（　　　）→（　　　）→（　　　）

$\frac{3}{5}$

$\frac{3}{7}$

$\frac{3}{4}$

24 完成テスト　分　数

完成目標時間　20分

●ふく習のめやす
き本テスト・関連ドリルなどでしっかりふく習しよう！
0点　80点 合かく　100点

関連ドリル
●数・量・図形　P.29〜34
●分数・小数　P.51〜60

1 〔　〕の中の分数を真分数，仮分数，帯分数に分けましょう。

〔(　) 1つ全部できて　2点〕

$$\left[\ \frac{7}{6},\ \frac{4}{5},\ 1\frac{1}{3},\ \frac{7}{7},\ 3\frac{4}{9},\ \frac{7}{8}\ \right]$$

真分数（　　　　　　）　仮分数（　　　　　　）

帯分数（　　　　　　）

2 次の分数を帯分数で書きましょう。

〔1問　3点〕

① 3より$\frac{2}{5}$大きい数　（　　　　）

② 8より$\frac{3}{4}$大きい数　（　　　　）

③ 2と，$\frac{1}{9}$を5つあわせた数　（　　　　）

④ 3と，$\frac{1}{7}$を6つあわせた数　（　　　　）

3 次の仮分数を帯分数か整数になおしましょう。

〔1問　3点〕

① $\frac{7}{4}$　② $\frac{11}{6}$　③ $\frac{10}{9}$

④ $\frac{20}{5}$　⑤ $\frac{17}{6}$　⑥ $\frac{21}{7}$

⑦ $\frac{25}{8}$　⑧ $\frac{27}{9}$　⑨ $\frac{23}{10}$

4　次の帯分数を仮分数になおしましょう。　〔1問　3点〕

① $1\frac{3}{4}$　　② $2\frac{1}{3}$　　③ $1\frac{6}{7}$

④ $3\frac{5}{6}$　　⑤ $2\frac{4}{9}$　　⑥ $3\frac{4}{7}$

⑦ $4\frac{1}{4}$　　⑧ $4\frac{2}{9}$　　⑨ $5\frac{3}{10}$

5　下の数直線で，㋐と㋑の目もりが表す分数を書きましょう。　〔1つ　4点〕

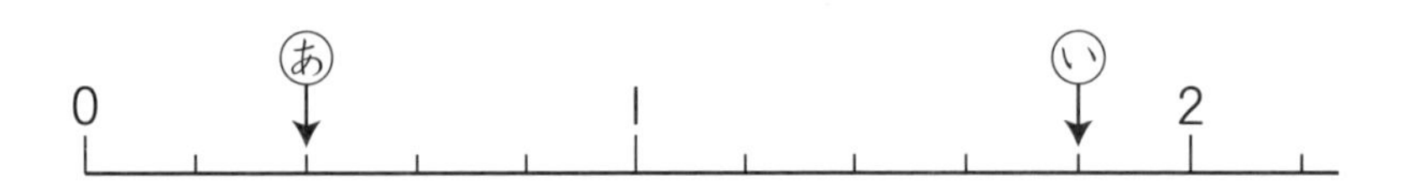

㋐(　　　　)　㋑(　　　　)

6　次の分数を，小さいほうからじゅんに書きましょう。〔1問全部できて　4点〕

① $\frac{3}{7}$, $\frac{2}{7}$, $\frac{4}{7}$　　(　　　　　　)

② $\frac{3}{5}$, $\frac{3}{8}$, $\frac{3}{9}$　　(　　　　　　)

7　次の2つの分数の大きさをくらべて，□に等号か不等号を書きましょう。

〔1問　3点〕

① $\frac{5}{9}$ □ $\frac{8}{9}$　　② $\frac{7}{4}$ □ $1\frac{3}{4}$

③ $1\frac{2}{7}$ □ $\frac{8}{7}$　　④ $2\frac{1}{5}$ □ $\frac{13}{5}$

完成目標時間 20分

分数のたし算・ひき算

き本の問題のチェックだよ。
できなかった問題は，しっかり学習してから
完成テストをやろう！

合計とく点 ／100点

関連ドリル ●分数・小数 P.61～90

〈真分数のたし算〉

1 $\frac{2}{7}+\frac{3}{7}$ の計算をします。□にあてはまる数を書きましょう。

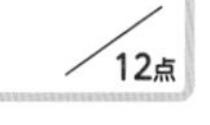

〔1問　6点〕

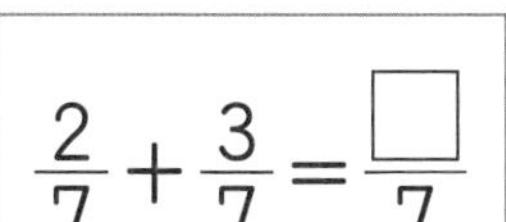
$\frac{2}{7}+\frac{3}{7}=\frac{□}{7}$

① $\frac{2}{7}$ と $\frac{3}{7}$ をあわせた数は，$\frac{1}{7}$ が □ つ分です。

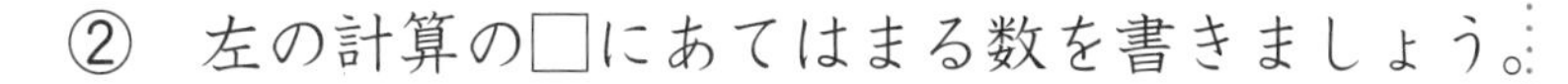
② 左の計算の□にあてはまる数を書きましょう。

〈真分数のたし算〉

2 $\frac{4}{7}+\frac{5}{7}$ の計算をします。□にあてはまる数を書きましょう。

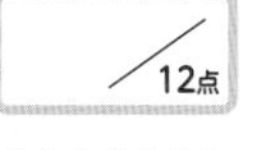

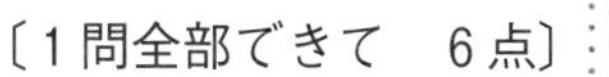
〔1問全部できて　6点〕

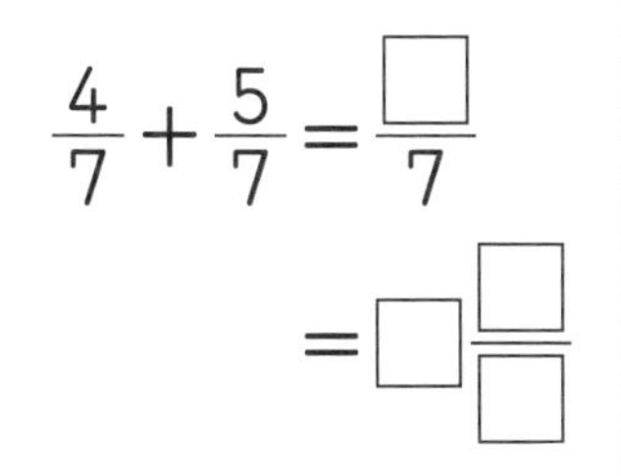
$\frac{4}{7}+\frac{5}{7}=\frac{□}{7}$

$=□\frac{□}{□}$

① $\frac{4}{7}$ と $\frac{5}{7}$ をあわせた数は，$\frac{1}{7}$ が □ つ分です。帯分数で表すと □ となります。

② 左の計算の□にあてはまる数を書きましょう。

〈帯分数のたし算〉

3 次の計算の□にあてはまる数を書きましょう。〔1問全部できて　6点〕

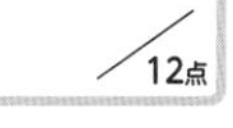

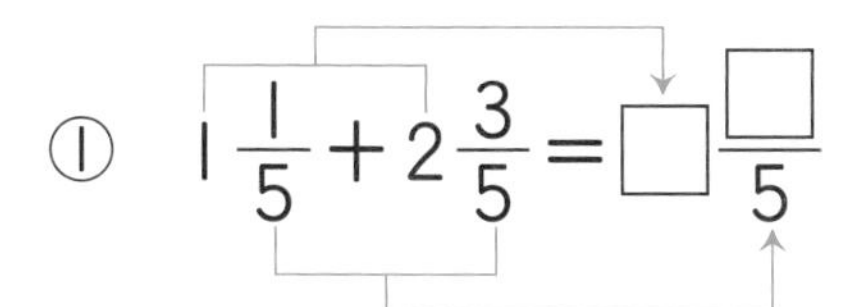
① $1\frac{1}{5}+2\frac{3}{5}=□\frac{□}{5}$

② $2\frac{4}{7}+1\frac{1}{7}=□\frac{□}{□}$

〈帯分数のたし算〉

4 次の計算の□にあてはまる数を書きましょう。

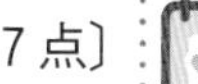
〔1問全部できて　7点〕

① $2\frac{2}{3}+\frac{2}{3}=2\frac{□}{3}=□\frac{□}{□}$

② $1\frac{4}{5}+1\frac{3}{5}=2\frac{□}{5}=□\frac{□}{□}$

分数・小数 67ページ～ 14点

〈真分数のひき算〉

5 $\frac{6}{7}-\frac{2}{7}$ の計算をします。□にあてはまる数を書きましょう。

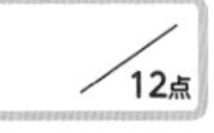

〔1問　6点〕

$$\frac{6}{7}-\frac{2}{7}=\frac{\square}{7}$$

① $\frac{6}{7}$ から $\frac{2}{7}$ をとった数は，$\frac{1}{7}$ が □ つ分です。

分数・小数 75ページ〜

② 左の計算の□にあてはまる数を書きましょう。

〈真分数をひくひき算〉

6 $1\frac{3}{5}-\frac{4}{5}$ の計算をします。□にあてはまる数を書きましょう。

$$1\frac{3}{5}-\frac{4}{5}=\frac{\square}{5}-\frac{4}{5}$$
$$=\frac{\square}{5}$$

① $1\frac{3}{5}$ を仮分数(かぶんすう)になおすと □ となり，

この仮分数から $\frac{4}{5}$ をとった数は，$\frac{1}{5}$ が

□ つ分です。

② 左の計算の□にあてはまる数を書きましょう。

〈帯分数(たいぶんすう)のひき算〉

7 次の計算の□にあてはまる数を書きましょう。〔1問全部できて　6点〕

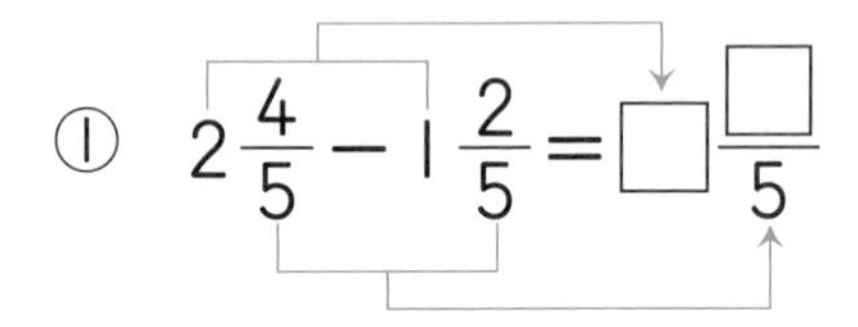

① $2\frac{4}{5}-1\frac{2}{5}=\square\frac{\square}{5}$

② $3\frac{4}{7}-1\frac{3}{7}=\square\frac{\square}{\square}$

〈帯分数のひき算〉

8 次の計算の□にあてはまる数を書きましょう。〔1問全部できて　7点〕

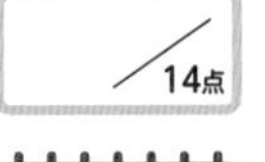

① $2\frac{1}{5}-1\frac{2}{5}=1\frac{\square}{5}-1\frac{2}{5}$
$=\frac{\square}{\square}$

② $3-1\frac{1}{4}=2\frac{\square}{4}-1\frac{1}{4}$
$=\square\frac{\square}{\square}$

分数・小数 88ページ〜

26 完成テスト 分数のたし算・ひき算

完成目標時間 30分

●ふく習のめやす
き本テスト・関連ドリルなどでしっかりふく習しよう！

0点 80点 100点

合計とく点 /100点

関連ドリル ●分数・小数 P.61〜92 ●文章題 P.55〜62

1 次の計算をしましょう。〔1問 4点〕

① $\frac{2}{7}+\frac{4}{7}$

② $\frac{5}{9}+\frac{5}{9}$

③ $1\frac{1}{5}+\frac{3}{5}$

④ $1\frac{3}{7}+2$

⑤ $\frac{5}{8}+2\frac{3}{8}$

⑥ $2\frac{2}{3}+1\frac{2}{3}$

⑦ $1\frac{2}{7}+2\frac{5}{7}$

⑧ $2\frac{3}{5}+2\frac{4}{5}$

⑨ $3\frac{8}{9}+2\frac{2}{9}$

⑩ $\frac{4}{7}+\frac{5}{7}+\frac{6}{7}$

2 さつまいもをほりました。さくらさんは$3\frac{2}{5}$kg，あさひさんは$2\frac{4}{5}$kgほりました。さつまいもを，あわせて何kgほりましたか。〔6点〕

 (　　　　)

3 次の計算をしましょう。 〔1問 4点〕

① $\frac{4}{7}-\frac{2}{7}$

② $\frac{8}{9}-\frac{4}{9}$

③ $2\frac{3}{5}-1\frac{1}{5}$

④ $2\frac{3}{4}-\frac{3}{4}$

⑤ $2-1\frac{3}{5}$

⑥ $4-1\frac{1}{6}$

⑦ $1\frac{1}{3}-\frac{2}{3}$

⑧ $1\frac{1}{7}-\frac{4}{7}$

⑨ $3\frac{1}{5}-\frac{3}{5}$

⑩ $3\frac{3}{7}-1\frac{5}{7}$

⑪ $5\frac{2}{9}-2\frac{4}{9}$

⑫ $\frac{7}{9}-\frac{3}{9}-\frac{2}{9}$

4 さとうが$2\frac{3}{10}$kgあります。そのうち，$\frac{4}{10}$kg使いました。さとうは何kgのこっていますか。 〔6点〕

式と計算

き本の問題のチェックだよ。
できなかった問題は，しっかり学習してから
完成（かんせい）テストをやろう！

合計とく点　　／100点

関連（かんれん）ドリル　●わり算　P.85〜90　●文章題　P.63〜76

〈（　）を使った式の計算〉

1 次の計算の□にあてはまる数を書きましょう。〔1問全部できて　5点〕

／20点　ぜんぶできたら　わり算 85ページ〜

① 500－(300＋50)
＝500－□
＝□

② 500－(300－50)
＝500－□
＝□

③ 12×(8－3)＝12×□
＝□

④ (18－9)÷3＝□÷3
＝□

〈＋，－，×，÷のまじった計算〉

2 次の計算の□にあてはまる数を書きましょう。〔1問全部できて　5点〕

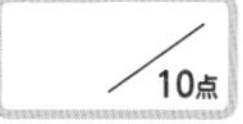

／10点

ぜんぶできたら　わり算 86ページ〜

① 20＋8×2＝20＋□
＝□

② 22－64÷8＝22－□
＝□

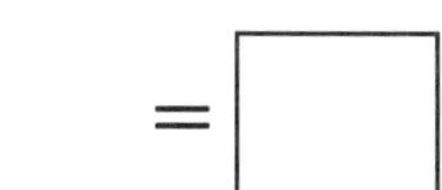

〈1つの式に表す〉

3 次の問題に答えましょう。〔1問　5点〕

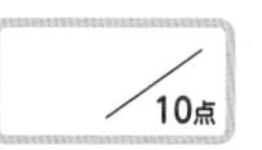

／10点　ぜんぶできたら

① 80円のノートと160円の下じきを買って，500円を出しました。おつりをもとめる式で，正しいほうに○を書きましょう。

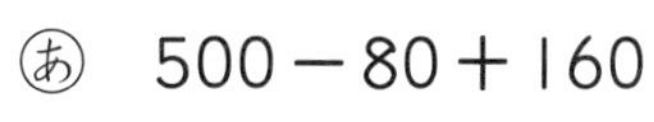

㋐ 500－80＋160　（　　）

㋑ 500－(80＋160)　（　　）

文章題 63ページ〜

② 1さつ100円のノートを，兄は7さつ，弟は5さつ買いました。ノート全部の代金をもとめる式で正しいほうに○を書きましょう。

㋐ 100×(7＋5)　（　　）

㋑ 100×7－100×5　（　　）

4

〈計算のきまり〉

次の□にあてはまる数を書きましょう。　〔1問　4点〕

① $56+78=78+\square$

② $69+24+36$

$=69+(\square+36)$

5

〈計算のきまり〉

次の□にあてはまる数を書きましょう。　〔1問全部できて　5点〕

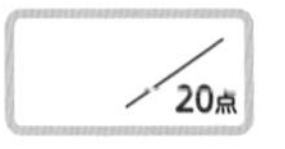

① $8\times35=35\times\square$

② $38\times25\times4$

$=38\times(\square\times4)$

③ $16\times7+14\times7$

$=(16+14)\times\square$

④ $(50-8)\times9$

$=50\times\square-8\times\square$

6

〈計算のくふう〉

次の計算の□にあてはまる数を書きましょう。〔1問全部できて　8点〕

① $167+86+14$

$=167+(\square+14)$

$=\square$

② $43\times5\times2$

$=43\times(\square\times2)$

$=\square$

③ 99×36

$=(100-1)\times36$

$=100\times\square-\square\times36$

$=\square$

④ 103×18

$=(100+\square)\times18$

$=100\times\square+\square\times18$

$=\square$

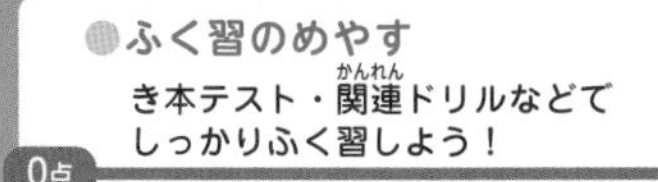

式と計算

/100点

- わり算　P.85～90
- 文章題　P.63～76

1　次の計算をしましょう。　〔1問　4点〕

① 80－(17＋34)　② 75－(40－18)

③ 8×(15＋25)　④ 90÷(24－9)

⑤ 36÷(3×4)　⑥ 45÷9×6

⑦ 120－5×6　⑧ 3×15－90÷5

2　次の問題の答えを，1つの式に表してからもとめましょう。　〔1問　7点〕

① 色紙を1人に10まいずつ配ります。おとなが5人，子どもが7人います。色紙は全部で何まいあればよいでしょうか。

答え（　　　）

② 1こ80円のりんごを4こと，4こで240円の夏みかんを1こ買うと，代金は全部で何円になりますか。

答え（　　　）

3 くふうして計算しましょう。 〔1問 5点〕

① $3.8+7.5+0.5$

② $12\times2.5\times2$

③ 99×42

④ 29×102

⑤ $8\times23+8\times17$

⑥ $3.4\times9+1.6\times9$

⑦ $24\times7-14\times7$

⑧ $6.7\times43-3.7\times43$

4 1さつ170円のノートを4さつと，1本80円のえん筆を4本買うと，代金は全部で何円になりますか。1つの式に表してからもとめましょう。 〔7点〕

式

答え（　　　）

5 1箱20こ入りのみかんと，1箱15こ入りのりんごがそれぞれ7箱ずつあります。みかんとりんごの数のちがいは何こですか。1つの式に表してからもとめましょう。 〔7点〕

式

答え（　　　）

29 き本テスト 角

かんせい 完成 もくひょう 目標時間 20分

き本の問題のチェックだよ。
できなかった問題は，しっかり学習してから
かんせい 完成テストをやろう！

合計とく点 ／100点

かん れん 関連ドリル ●数・量・図形 P.47～58

1 ふんどき 〈分度器〉
右の分度器について，次の問題に答えましょう。

〔1問全部できて　6点〕 ／12点

① 分度器の1目もりは何度を表していますか。（　　　）

② 分度器の目もりは，何度から何度までつけてありますか。

（　　　）から（　　　）

2 〈角の大きさ〉
下の図のように，分度器で角の大きさをはかりました。角ⓐは何度ですか。〔　〕のうち，正しいほうを○でかこみましょう。〔1問　6点〕 ／12点

①

〔 150°　30° 〕

②

〔 85°　95° 〕

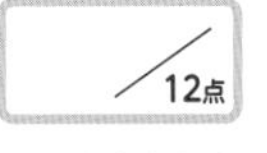

3 〈回転の角〉
右の図を見て，次の□にあてはまる数を書きましょう。〔1問全部できて　6点〕 ／18点

① 1直角＝□度
（直角1つ分）

② 半回転の角は，2直角＝□度
（直角2つ分）

③ 1回転の角は，□直角＝□度

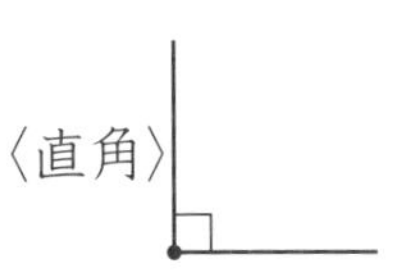

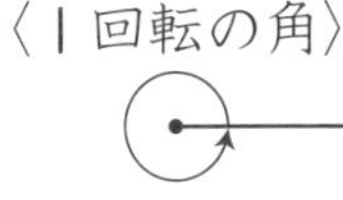

ぜんぶ できたら 数・量・図形 49ページ

〈180°より大きい角度のはかり方〉

4 分度器を使って，右の図のⓐの角の大きさをはかりましょう。

〔1問　9点〕

① ⓐの角の大きさは，180°より何度大きいでしょうか。

(　　　　)

② ⓐの角の大きさは何度ですか。

(　　　　)

〈角のかき方〉

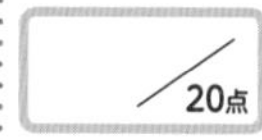

5 直線アイのアの点に分度器の中心を合わせて，次の大きさの角をかきましょう。

〔1問　10点〕

① 30°

② 65°

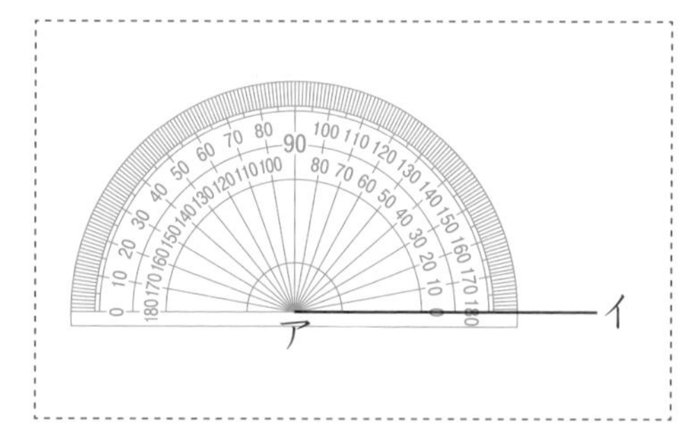

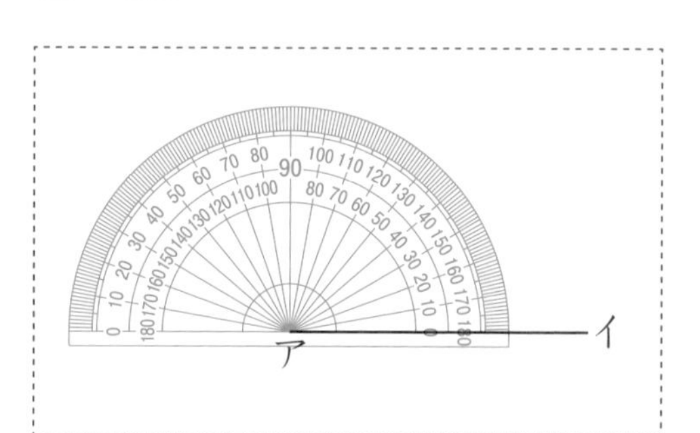

〈三角じょうぎの角〉

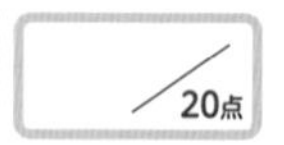

6 三角じょうぎのそれぞれの角の大きさを調べて書きましょう。

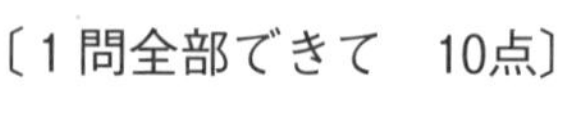

〔1問全部できて　10点〕

①

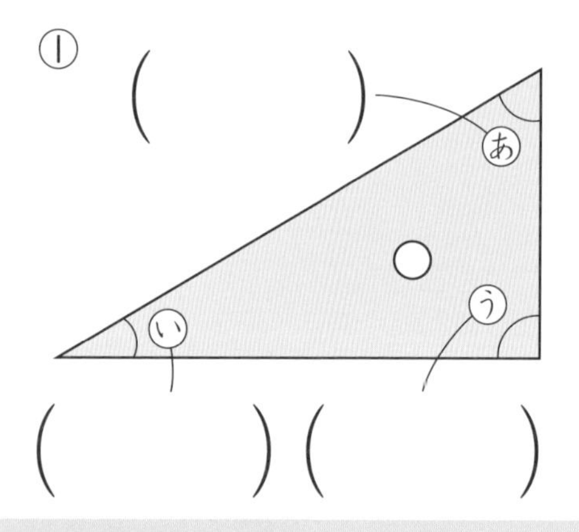

(　　　　)
(　　　　)(　　　　)

②

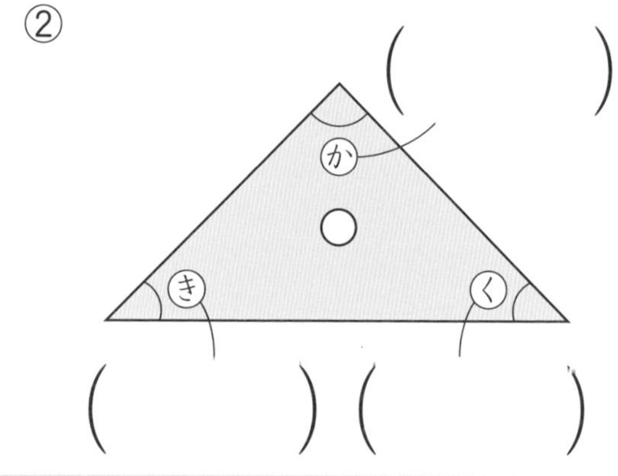

(　　　　)
(　　　　)(　　　　)

1 分度器を使って，次のあの角度をはかり，（　）に書きましょう。

〔1問　8点〕

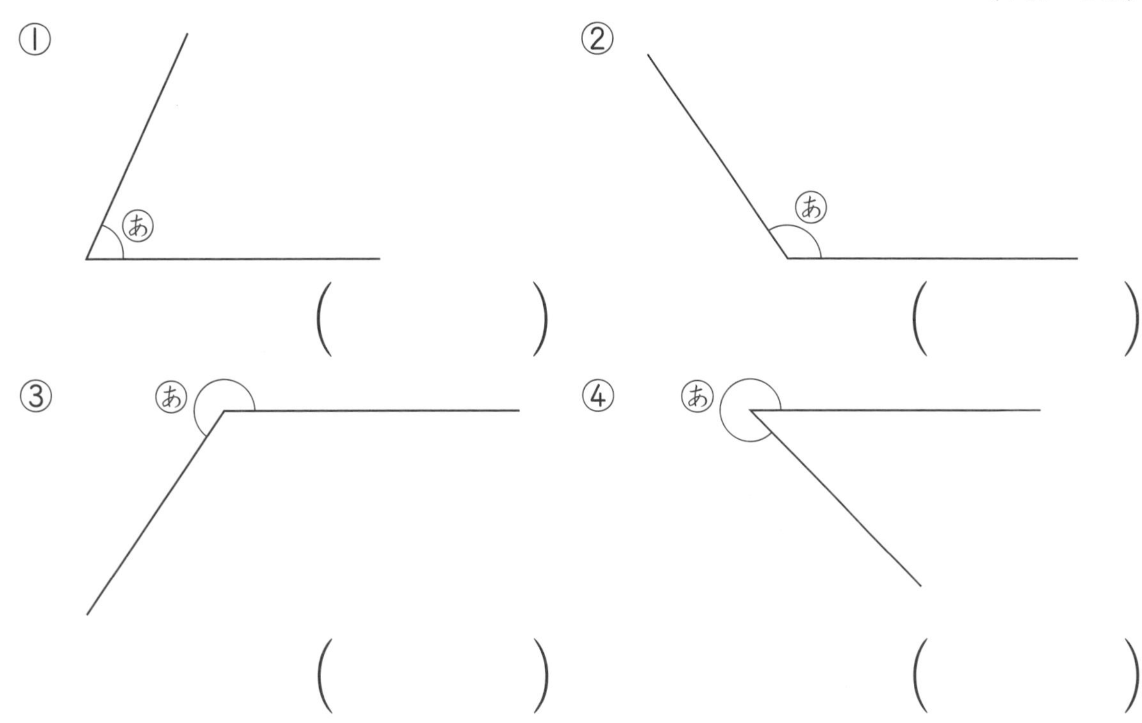

2 分度器を使って，次の大きさの角をかきましょう。 〔1問　8点〕

① 155°

② 210°

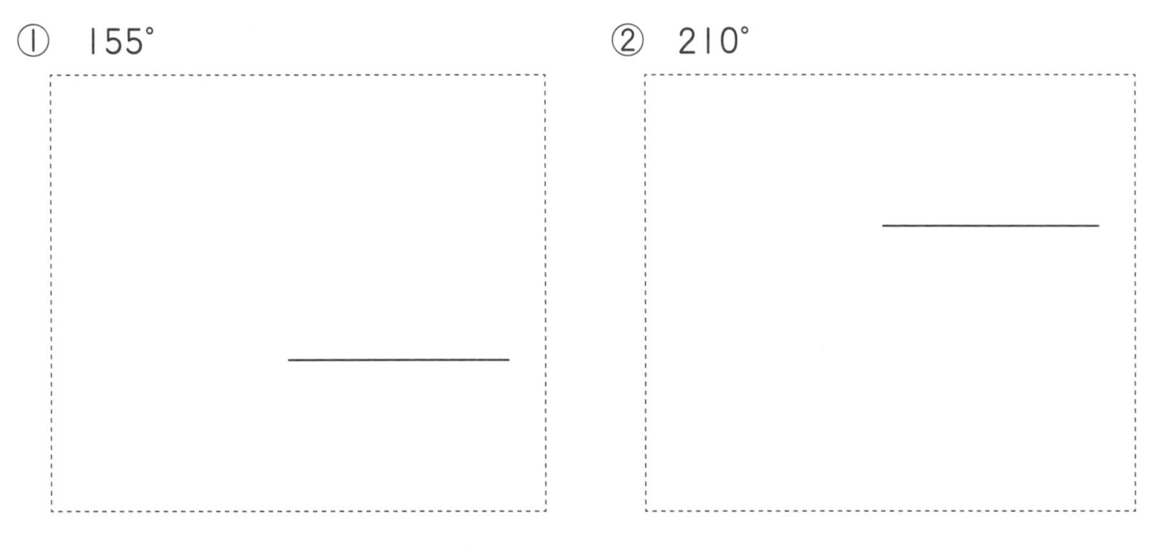

3 分度器(ぶんどき)を使って，下のような三角形をかきましょう。　〔8点〕

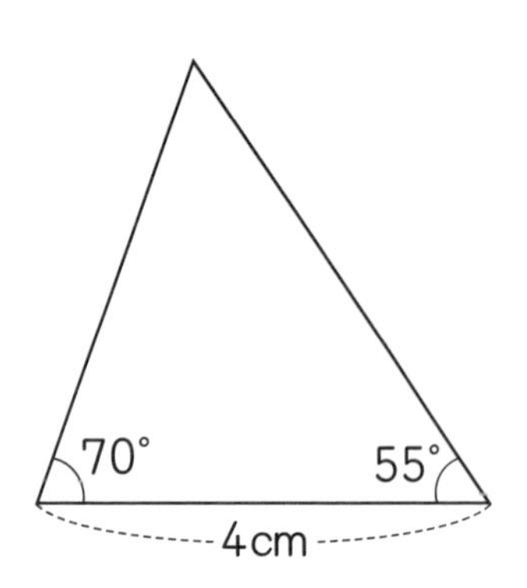

4 下の図のあといの角度は，それぞれ何度ですか。　〔1つ　6点〕

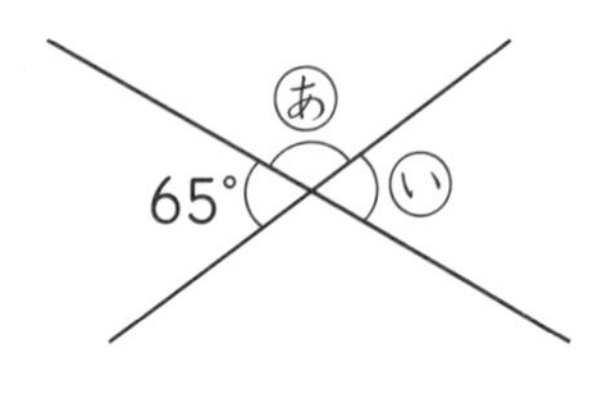

あ(　　　　)　い(　　　　)

5 次の図は，2まいの三角じょうぎを組み合わせたものです。あといの角度はそれぞれ何度ですか。分度器を使わないでもとめましょう。〔(　)1つ　8点〕

①

あ(　　　　)

い(　　　　)

②

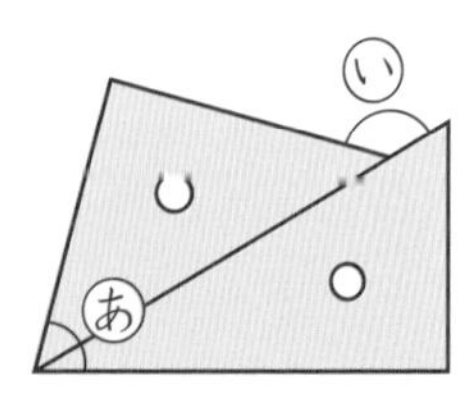

あ(　　　　)

い(　　　　)

31 き本テスト 垂直と平行

完成目標時間 15分

き本の問題のチェックだよ。
できなかった問題は，しっかり学習してから
完成テストをやろう！

合計とく点 ／100点

関連ドリル ●数・量・図形 P.59～64

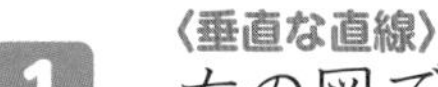
〈垂直な直線〉

1 右の図で，2本の直線は垂直です。㋐の角の大きさは何度ですか。〔20点〕

(　　　　　)

／20点 ぜんぶできたら 数・量・図形 59ページ

〈垂直な直線〉

2 次の図で，2本の直線が垂直になっているものはどれですか。全部えらんで記号で答えましょう。〔全部できて 20点〕

㋐ 110°

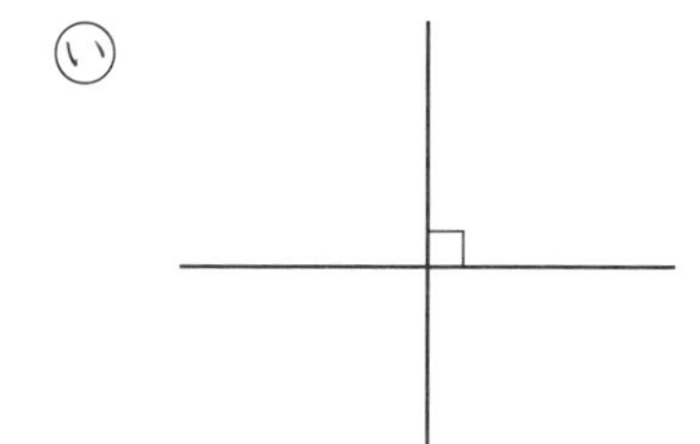
㋑

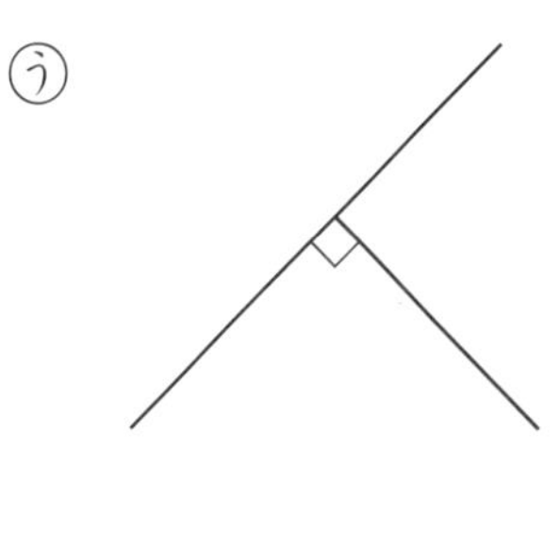
㋒

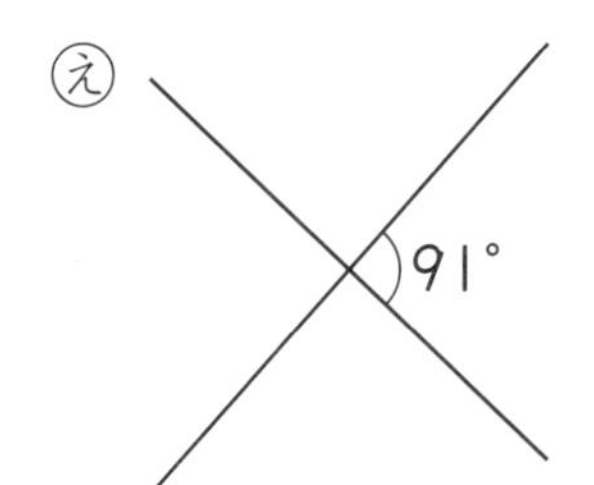
㋓

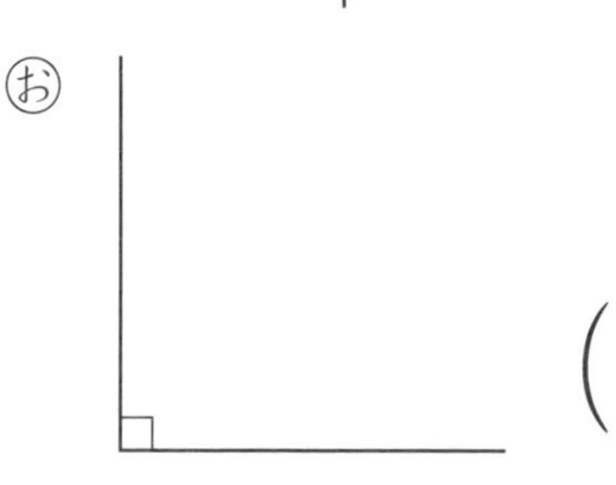
㋔

(　　　　　)

／20点

数・量・図形 59ページ

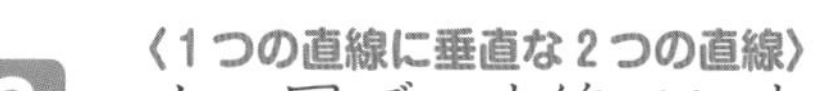
〈1つの直線に垂直な2つの直線〉

3 右の図で，直線アと直線イは直線ウと垂直です。このとき，直線アと直線イは，何といえますか。〔20点〕

ウ ア イ

(　　　　　)

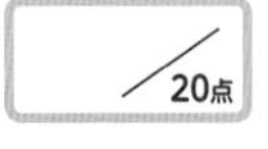

〈垂直(すいちょく)な直線のかき方〉

4 次の①，②は，点イを通って直線アに垂直な直線をひこうとしています。正しくひいているものには○，まちがってひいているものには×を（　）に書きましょう。〔1問　10点〕

数・量・図形 63ページ

①

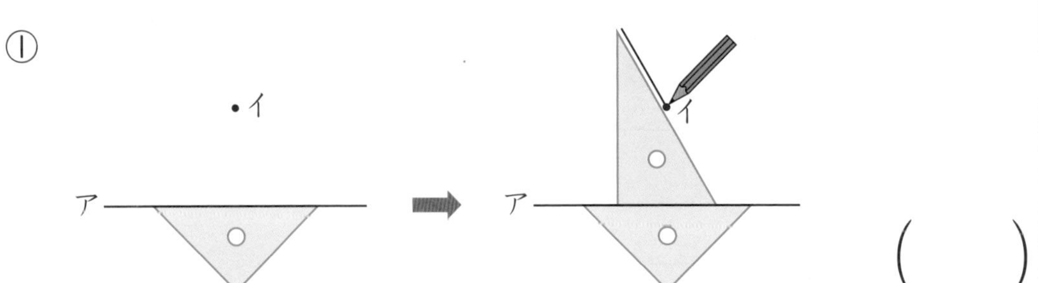

（　　）

②

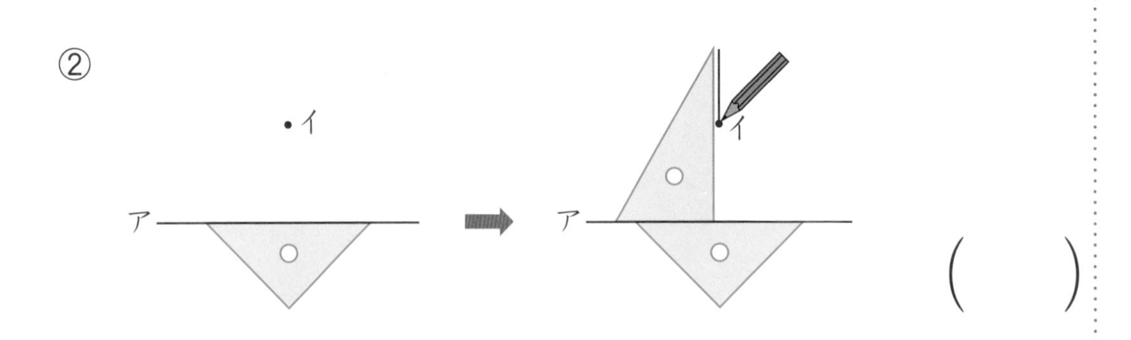

（　　）

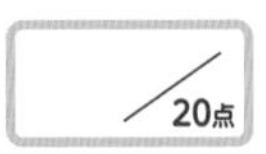

〈平行な直線のかき方〉

5 次の①，②は，点イを通って直線アに平行な直線をひこうとしています。正しくひいているものには○，まちがってひいているものには×を（　）に書きましょう。〔1問　10点〕

数・量・図形 64ページ

①

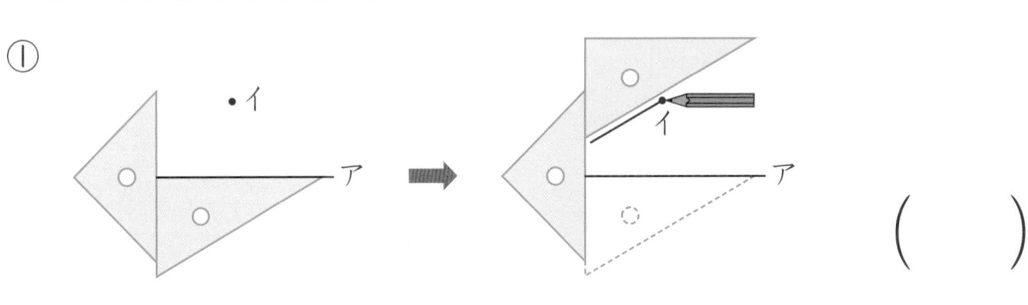

（　　）

②

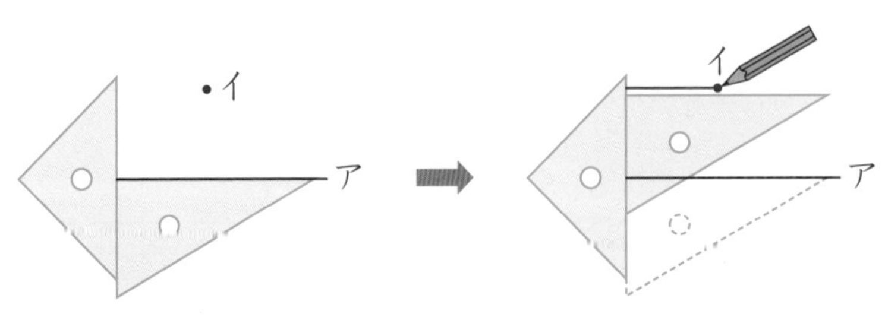

（　　）

完成目標時間 20分

垂直と平行

●ふく習のめやす
き本テスト・関連ドリルなどでしっかりふく習しよう！

0点 80点 100点

合計とく点

関連ドリル ●数・量・図形 P.59～64

1 右の図の直線ア～キについて，次の問題に答えましょう。〔1組できて 3点〕

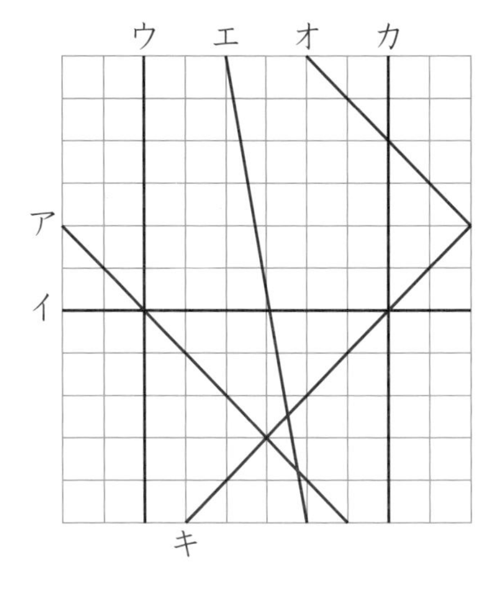

① 垂直な2本の直線は，どれとどれですか。全部書きましょう。

② 平行な2本の直線は，どれとどれですか。全部書きましょう。

(　　　　　　　　)

2 2まいの三角じょうぎを使って，点イを通って直線アに垂直な直線をひきましょう。〔1問 8点〕

①

ア・イ

②

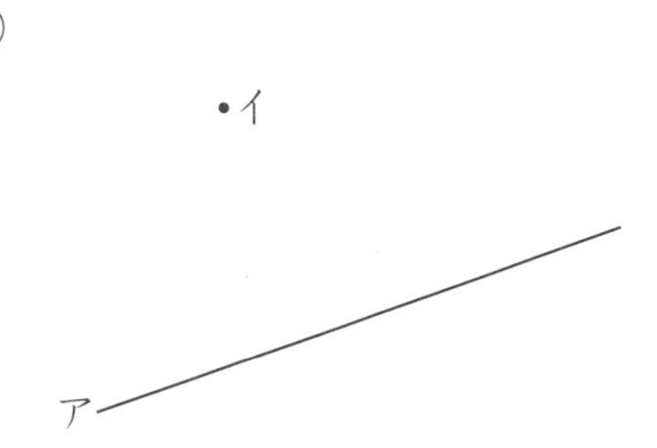

3 2まいの三角じょうぎを使って，点イを通って直線アに平行な直線をひきましょう。〔1問 8点〕

①

・イ

ア

②

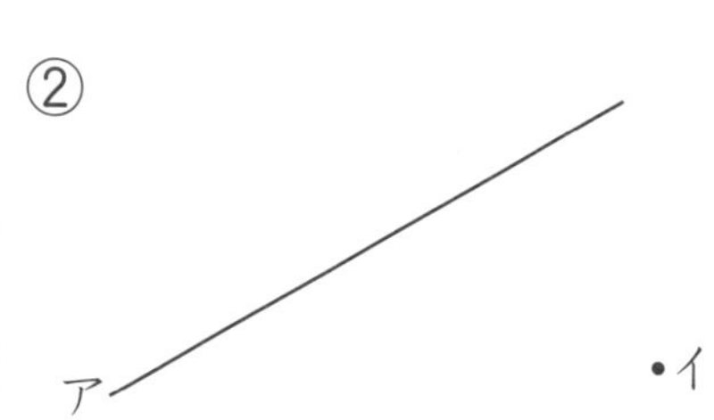

4 右の図のように，平行な直線(ア)，(イ)に直線(ウ)が交わっています。エオの長さは4 cm，㋐の角度は65°です。次の問題に答えましょう。　〔1問　8点〕

① カキの長さは何cmですか。

(　　　　)

② ㋒の角度は何度ですか。

(　　　　)

③ ㋑の角度は何度ですか。

(　　　　)

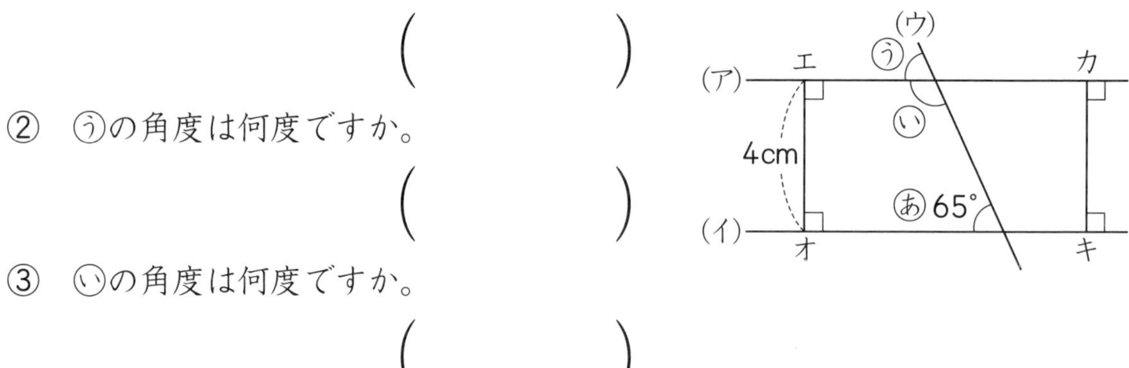

5 右の図の正方形について，次の問題に答えましょう。

〔1問全部できて　9点〕

ア　エ　イ　ウ

① 垂直(すいちょく)になっているところすべてに，垂直のしるし(∟)をかき入れましょう。

② 平行になっている辺(へん)は，どの辺とどの辺ですか。全部書きましょう。

(　　　　　　　　)

6 2まいの三角じょうぎを使って，たて4 cm，横6 cmの長方形をかきましょう。　〔8点〕

四角形

き本の問題のチェックだよ。
できなかった問題は，しっかり学習してから
完成テストをやろう！

合計とく点 ／100点

関連ドリル ●数・量・図形 P.65〜72

〈台形〉

1 右の四角形を見て，次の問題に答えましょう。 〔1問　6点〕

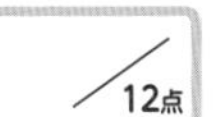

数・量・図形 65ページ

① 平行な辺は，どの辺とどの辺ですか。

(　　　　　　　　)

ア　エ　イ　ウ

② 右の四角形の名まえを書きましょう。

(　　　　　)

〈平行四辺形〉

2 右の四角形を見て，次の問題に答えましょう。 〔1問全部できて　8点〕

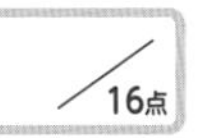

数・量・図形 67ページ

① 平行な辺は，どの辺とどの辺ですか。全部書きましょう。

(　　　　　　　　　　　　)

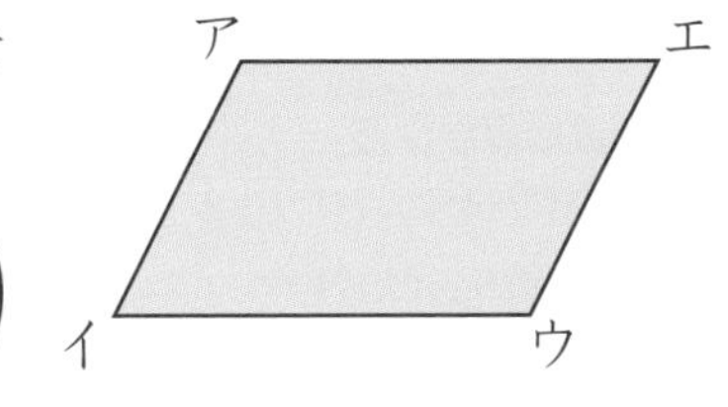

② 右の四角形の名まえを書きましょう。

(　　　　　)

〈ひし形〉

3 右の四角形を見て，次の問題に答えましょう。 〔1問全部できて　8点〕

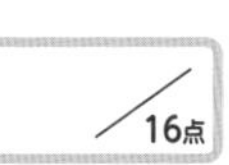

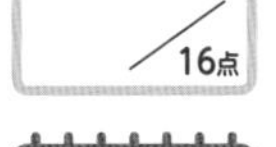

数・量・図形 69ページ

① 辺アイと長さの等しい辺はどの辺ですか。全部書きましょう。

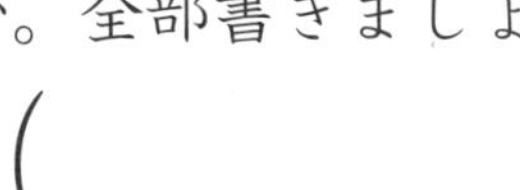

(　　　　　　　　　　)

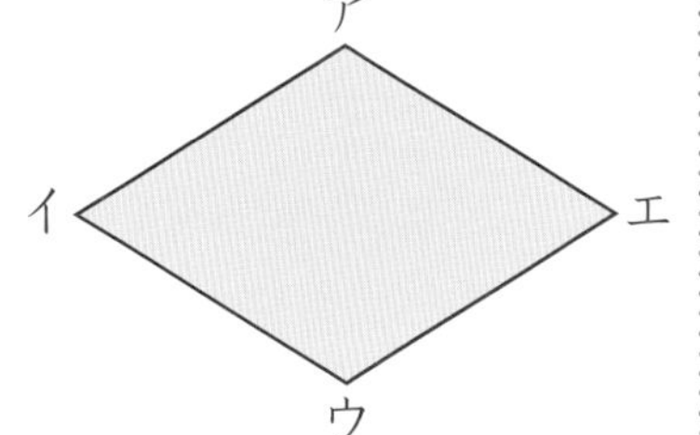

② 右の四角形の名まえを書きましょう。

(　　　　　)

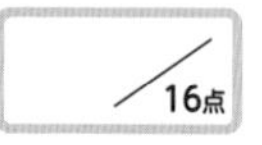

4 〈平行四辺形(へいこうしへんけい)のせいしつ〉

右の四角形は平行四辺形です。〔1問　8点〕

① 辺(へん)アイと等しい長さの辺はどれですか。

(　　　　　)

② 角㋐と等しい大きさの角はどれですか。

(　　　　　)

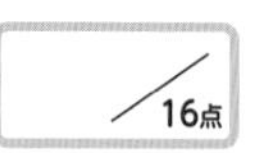

5 〈ひし形のせいしつ〉

右の四角形はひし形です。〔1問　8点〕

① 辺アイと平行な辺はどれですか。

(　　　　　)

② 角㋐と等しい大きさの角はどれですか。

(　　　　　)

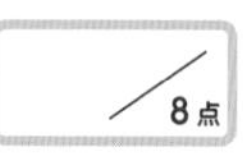

6 〈平行四辺形のかき方〉

右の□の中に，アイとイウに平行な直線をひいて，アイと，イウが2つの辺となるような平行四辺形をかきましょう。〔8点〕

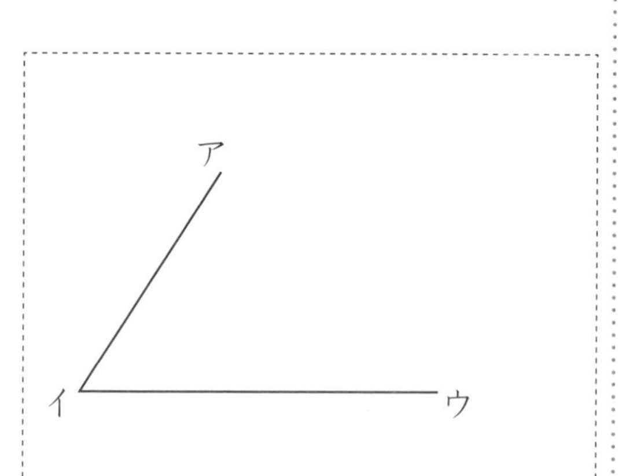

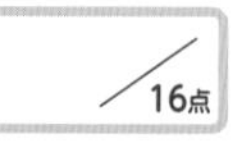

7 〈対角線(たいかくせん)〉

次の問題に答えましょう。〔1問　8点〕

① 向かい合った頂点(ちょうてん)アと頂点ウ，頂点イと頂点エを直線でむすびましょう。

② アウやイエのようにひいた直線を，何といいますか。

(　　　　　)

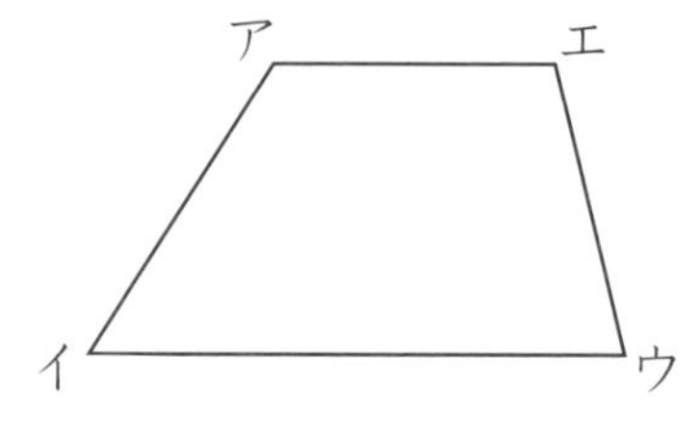

34 完成テスト 四角形

完成目標時間 20分

●ふく習のめやす
き本テスト・関連ドリルなどでしっかりふく習しよう！
0点 80点 合かく 100点

合計とく点 /100点

関連ドリル ●数・量・図形 P.65〜72

1 右の図の平行四辺形について，次の問題に答えましょう。〔1問 6点〕

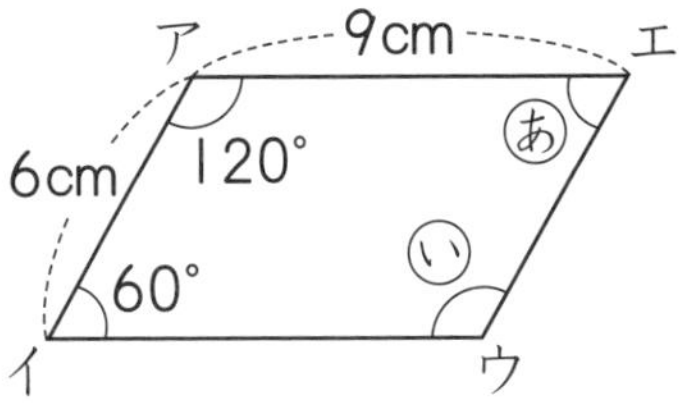

ア 9cm エ
6cm 120° あ
60° い
イ ウ

① 辺イウの長さは何cmですか。
（　　　）

② 辺ウエの長さは何cmですか。
（　　　）

③ 角あの大きさは何度ですか。
（　　　）

④ 角いの大きさは何度ですか。
（　　　）

2 下の図の四角形について，次の問題に，あ〜おの記号で全部答えましょう。
〔1問全部できて 6点〕

あ（正方形）　い（長方形）　う（台形）　え（平行四辺形）　お（ひし形）

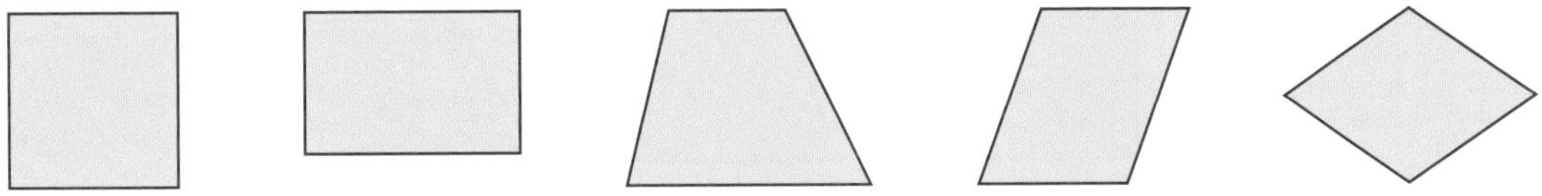

① 向かい合った2組の辺の長さがそれぞれ等しい四角形はどれですか。
（　　　）

② 4つの角の大きさがどれも等しい四角形はどれですか。
（　　　）

③ 向かい合った2組の辺がそれぞれ平行になっている四角形はどれですか。
（　　　）

④ 4つの辺の長さがどれも等しい四角形はどれですか。
（　　　）

3 次のような平行四辺形とひし形をかきましょう。 〔1問　8点〕

① 平行四辺形

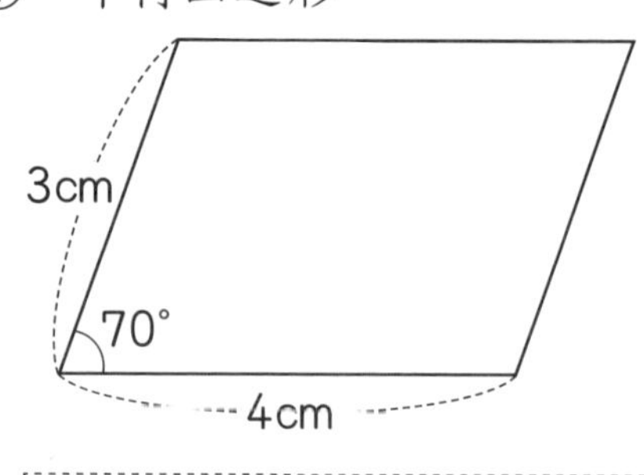

② ひし形

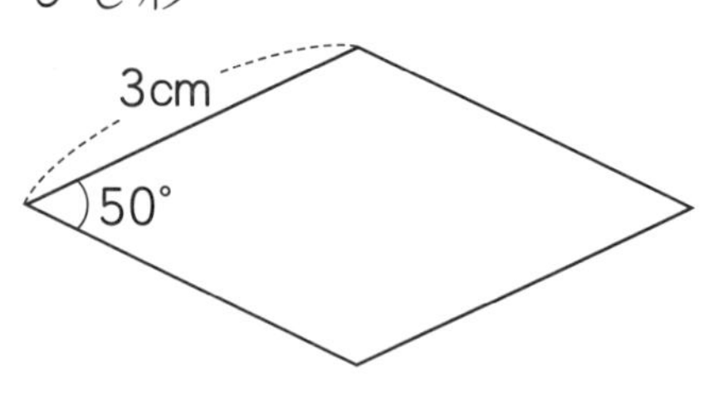

4 下のあ～おの中で，次の①～③にあてはまる四角形を全部えらんで記号で答えましょう。 〔1問全部できて　8点〕

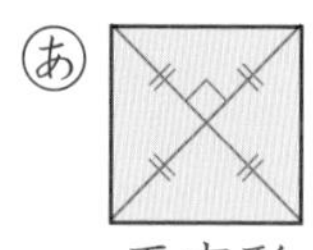

あ 正方形

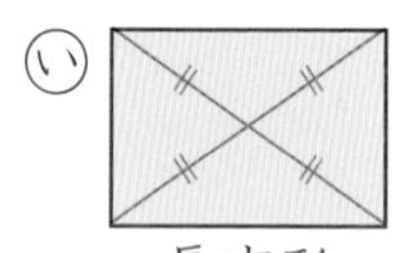

い 長方形

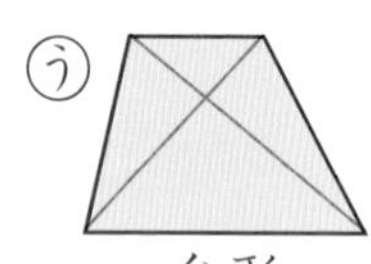

う 台形

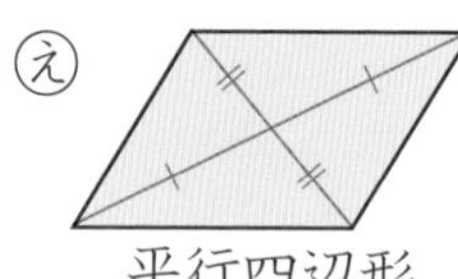

え 平行四辺形

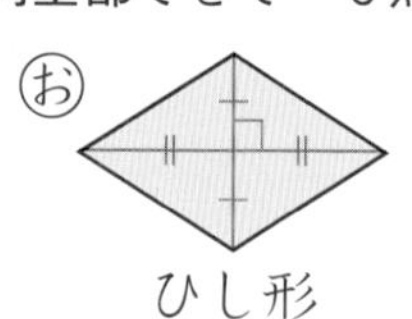

お ひし形

① 2本の対角線の長さが等しい四角形 （　　　　　）

② 2本の対角線がそれぞれのまん中の点で交わる四角形 （　　　　　）

③ 2本の対角線がそれぞれのまん中の点で，垂直に交わる四角形 （　　　　　）

5 右の図のように，正三角形のタイルをしきつめました。次の図形は，それぞれいくつありますか。 〔1問　6点〕

① ひし形 （　　　　　）

② 台形 （　　　　　）

完成目標時間 20分

面積

き本の問題のチェックだよ。
できなかった問題は，しっかり学習してから
完成テストをやろう！

合計とく点 /100点

関連ドリル ●数・量・図形 P.35～44

〈面積と単位〉

1 |辺が|cmの正方形を使って，いろいろな形をつくりました。それぞれの面積は何cm^2ですか。〔1問　4点〕

/12点

① |cm |cm |cm^2 （　　　）

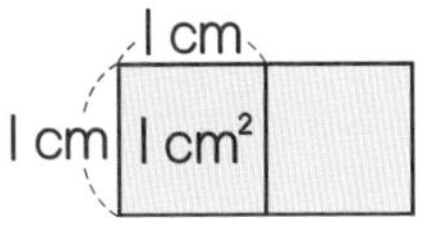

② （　　　）

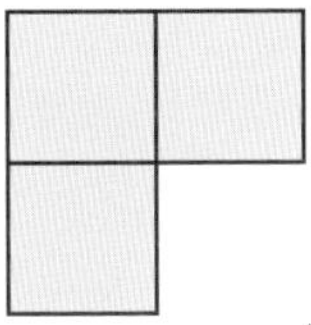

③ （　　　）

〈長方形の面積〉

2 下の図を見て，次の問題に答えましょう。〔1問全部できて　6点〕

/24点

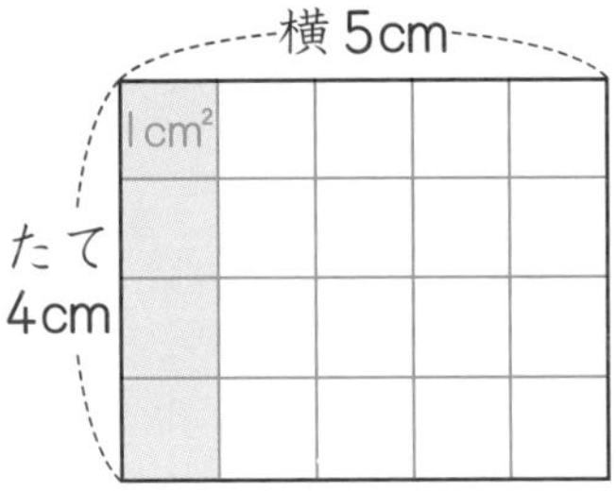

横5cm　たて4cm　|cm^2

① 左の□の部分の面積は何cm^2ですか。（　　　）

② 左の長方形全体の面積は，□の部分の面積の何倍ですか。（　　　）

③ 上の長方形の面積をもとめる式を書きましょう。

□×□＝□

④ 上の長方形の面積は何cm^2ですか。（　　　）

〈正方形の面積〉

3 下の図を見て，次の問題に答えましょう。〔1問全部できて　5点〕

/10点

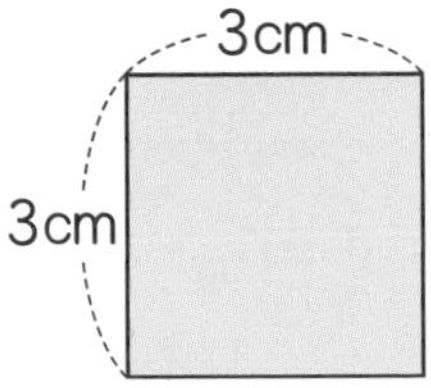

3cm　3cm

① 左の正方形の面積をもとめる式を書きましょう。

□×□＝□

② 左の正方形の面積は何cm^2ですか。（　　　）

数・量・図形 35ページ
数・量・図形 36ページ
数・量・図形 36ページ

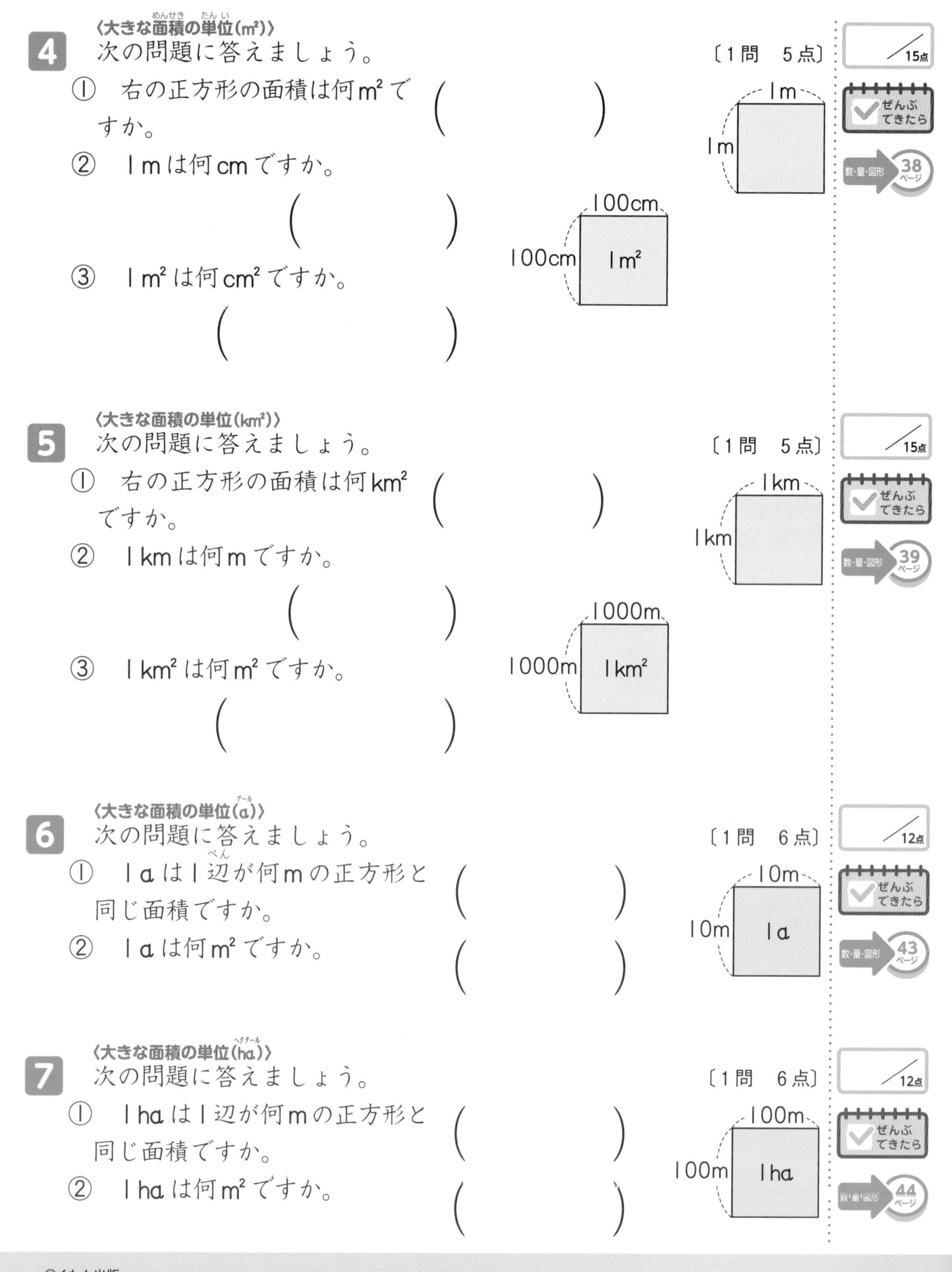

〈大きな面積の単位（m²）〉

4 次の問題に答えましょう。　〔1問　5点〕　/15点

① 右の正方形の面積は何m²ですか。　（　　　　）

② 1mは何cmですか。　（　　　　）

③ 1m²は何cm²ですか。　（　　　　）

〈大きな面積の単位（km²）〉

5 次の問題に答えましょう。　〔1問　5点〕　/15点

① 右の正方形の面積は何km²ですか。　（　　　　）

② 1kmは何mですか。　（　　　　）

③ 1km²は何m²ですか。　（　　　　）

〈大きな面積の単位（a）〉

6 次の問題に答えましょう。　〔1問　6点〕　/12点

① 1aは1辺が何mの正方形と同じ面積ですか。　（　　　　）

② 1aは何m²ですか。　（　　　　）

〈大きな面積の単位（ha）〉

7 次の問題に答えましょう。　〔1問　6点〕　/12点

① 1haは1辺が何mの正方形と同じ面積ですか。　（　　　　）

② 1haは何m²ですか。　（　　　　）

面積

き本の問題のチェックだよ。
できなかった問題は，しっかり学習してから
完成テストをやろう！

合計 とく点 ／100点

関連ドリル ●数・量・図形 P.45・46

〈長さの単位〉

1 長さの単位の間の関係をしめした下の図の(　)にあてはまる数を書きましょう。〔1つ　4点〕

／8点

10倍　　あ(　　　)倍　　い(　　　)倍

1mm → 1cm → 1m → 1km

数・量・図形 46ページ

〈長さと面積〉

2 面積の単位は，長さの単位をもとにして決められています。次の表の空らんをうめて，長さと面積の関係を完成させましょう。〔1つ　4点〕

／12点

1辺の長さ	1cm	1m	い	う	1km
正方形の面積	1 cm^2	あ	1 a（アール） （100 m^2）	1 ha（ヘクタール） （10000 m^2）	1 km^2

数・量・図形 45ページ

〈メートル法の単位につくことばの意味〉

3 単位につくことばの「キロ」や「ミリ」などの意味と，長さや面積などの単位の関係を，下の表にまとめます。表の空らんをうめましょう。〔1つ　4点〕

／24点

大きさを表すことば	ミリ（m）	センチ（c）	デシ（d）	（基準の単位）	デカ（da）	ヘクト（h）	キロ（k）
意味	$\frac{1}{1000}$	$\frac{1}{100}$	$\frac{1}{10}$	1	10倍	100倍	あ
長さの単位	mm	い		m			う
面積の単位				a		え	
かさの単位	お		か	L			kL

〈長さと面積の関係〉

4 次の問題に答えましょう。 〔1問　4点〕

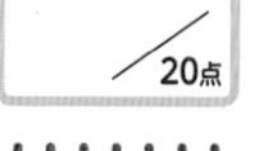

① 1辺が10mの正方形の面積は，1辺が1mの正方形の面積の何倍ですか。

（　　　　）

② 1辺が100mの正方形の面積は，1辺が1mの正方形の面積の何倍ですか。

（　　　　）

③ 正方形の1辺の長さが10倍になると，正方形の面積は何倍になりますか。

（　　　　）

④ 1kmは，1mの何倍の長さですか。

（　　　　）

⑤ 1ha（ヘクタール）は，1a（アール）の何倍の面積ですか。

（　　　　）

〈単位の関係〉

5 次の□にあてはまる数を書きましょう。 〔1問　3点〕

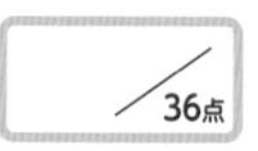

① $1\,m^2 =$ □ cm^2　　② $100\,m^2 =$ □ a

③ 1ha ＝ □ m^2　　④ 100a ＝ □ ha

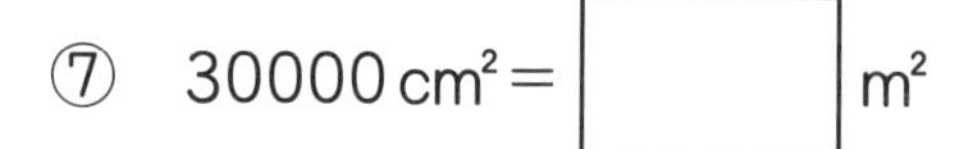

⑤ $1\,km^2 =$ □ ha　　⑥ 10000a ＝ □ km^2

⑦ $30000\,cm^2 =$ □ m^2　　⑧ 2a ＝ □ m^2

⑨ $60000\,m^2 =$ □ ha　　⑩ 8ha ＝ □ a

⑪ 500ha ＝ □ km^2　　⑫ $9\,km^2 =$ □ a

面積

ふく習のめやす
き本テスト・関連ドリルなどでしっかりふく習しよう！
0点 85点 合かく 100点

合計とく点 /100点

関連ドリル ●数・量・図形 P.35〜46

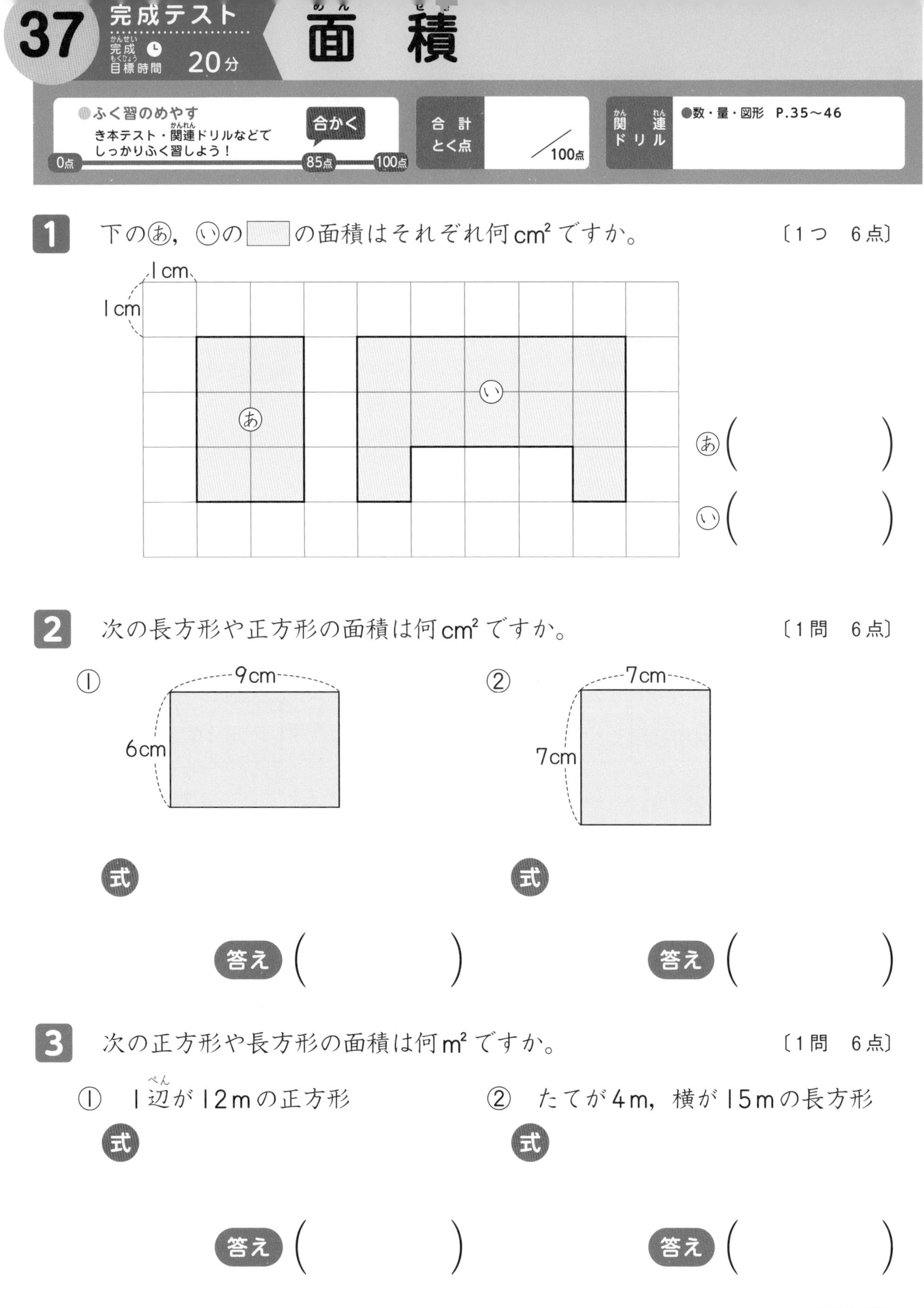

1 下のあ，いの□の面積はそれぞれ何cm²ですか。〔1つ 6点〕

あ（　　　　）
い（　　　　）

2 次の長方形や正方形の面積は何cm²ですか。〔1問 6点〕

① 9cm 6cm

式

答え（　　　　）

② 7cm 7cm

式

答え（　　　　）

3 次の正方形や長方形の面積は何m²ですか。〔1問 6点〕

① 1辺が12mの正方形

式

答え（　　　　）

② たてが4m，横が15mの長方形

式

答え（　　　　）

4 下の図について，問題に答えましょう。 〔1問 6点〕

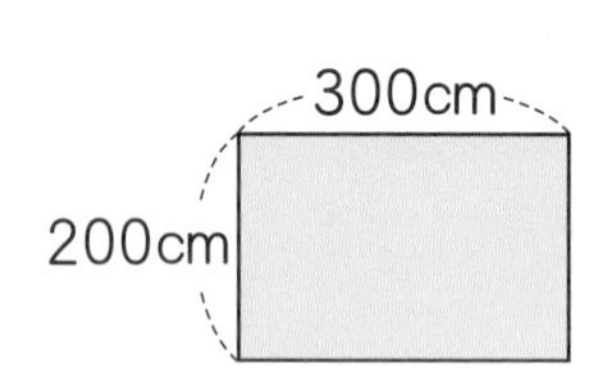

① 左の長方形の面積(めんせき)は何cm^2ですか。

式

答え（ ）

② 左の長方形の面積は何m^2ですか。長さをmになおしてもとめましょう。

式

答え（ ）

5 次の□にあてはまる数を書きましょう。 〔1問 6点〕

① $15m^2$ = □ cm^2

② $8km^2$ = □ m^2

③ $7a$ = □ m^2

④ $12ha$ = □ m^2

⑤ $14000000m^2$ = □ km^2

⑥ $4500m^2$ = □ a

6 次の図で，▭の部分の面積をもとめましょう。 〔1問 8点〕

①

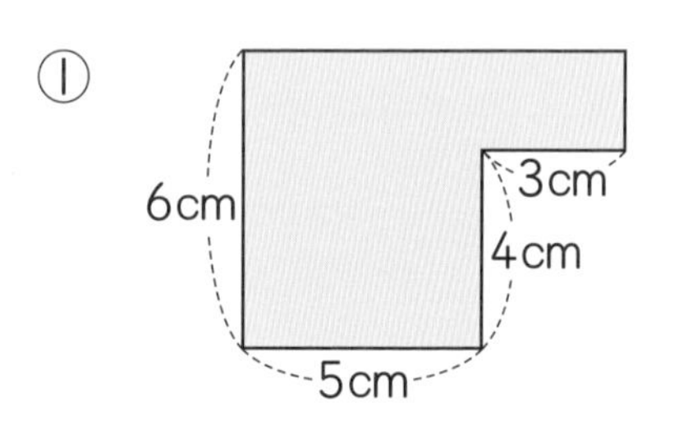

式

答え（ ）

②

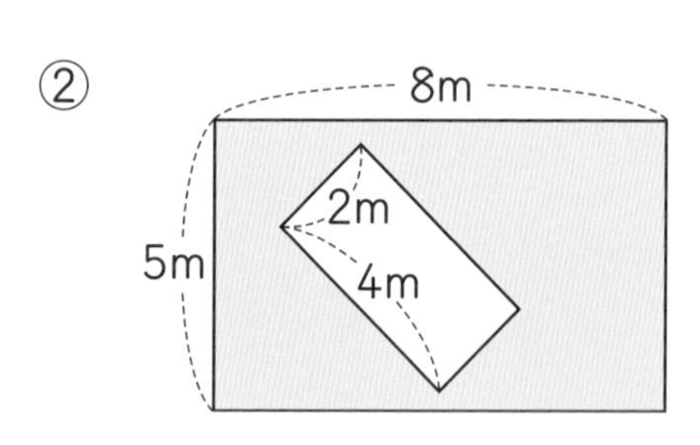

式

答え（ ）

38 き本テスト① 直方体と立方体

完成目標時間 20分

き本の問題のチェックだよ。
できなかった問題は，しっかり学習してから
完成テストをやろう！

合計とく点 ／100点

関連ドリル ●数・量・図形 P.73〜76

〈箱の形の名前〉

1 次の箱の形の名前を書きましょう。〔1問 4点〕

／12点

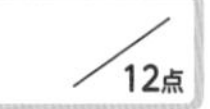

数・量・図形 73ページ

① 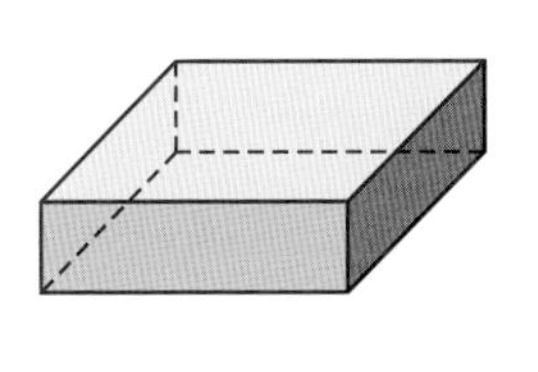

② 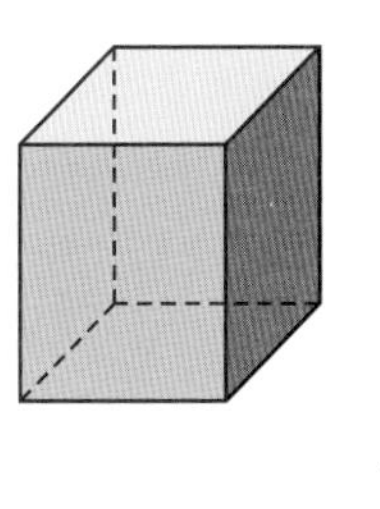

③ 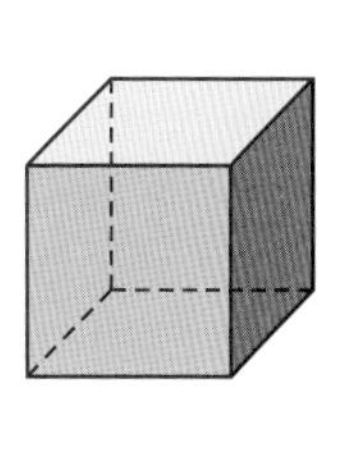

（　　　）（　　　）（　　　）

〈直方体と立方体の面・辺・頂点〉

2 下の直方体と立方体の図の（　）にあてはまることばを書きましょう。

〔1つ 5点〕

／15点

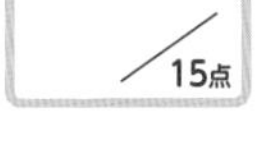

数・量・図形 73ページ

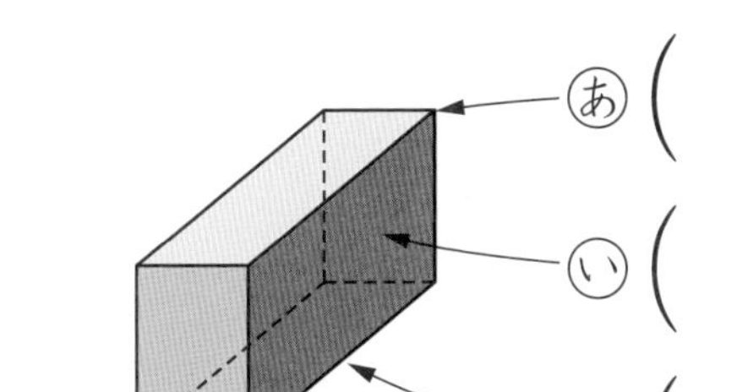

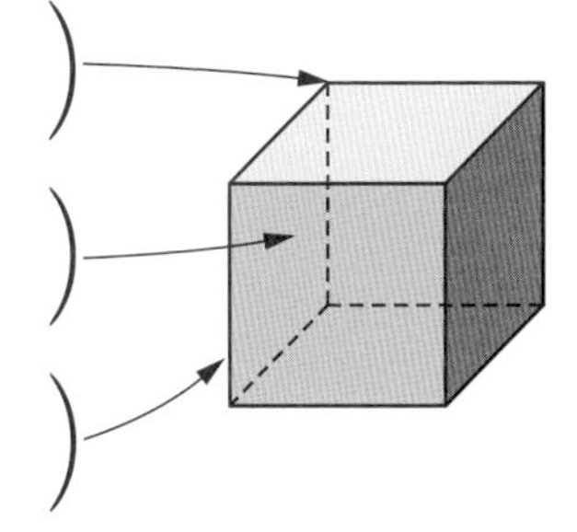

あ（　　　）

い（　　　）

う（　　　）

〈直方体の面・辺・頂点の数〉

3 右の図の直方体について，次の問題に答えましょう。〔1問 5点〕

／20点

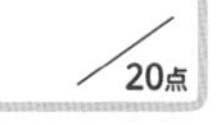

数・量・図形 73ページ

① 右のように全体の形を見やすくかいた図を何といいますか。

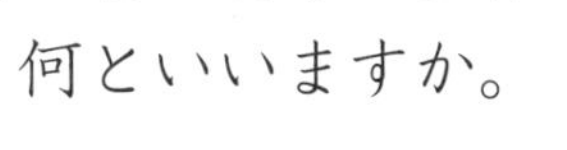

（　　　）

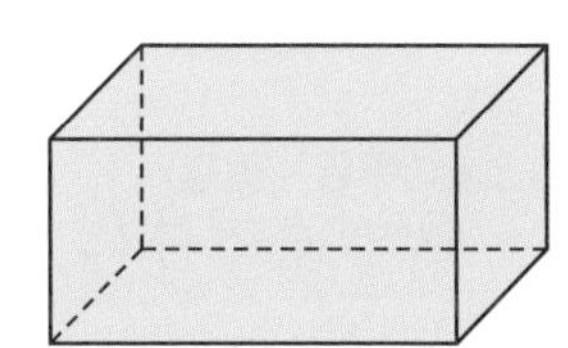

② 面の数は全部でいくつありますか。

（　　　）

③ 辺の数は全部でいくつありますか。

（　　　）

④ 頂点の数は全部でいくつありますか。

（　　　）

〈立方体の面・辺・頂点の数〉

4 右の図の立方体について，次の問題に答えましょう。〔1問　5点〕

/15点

ぜんぶ できたら

数・量・図形 73ページ

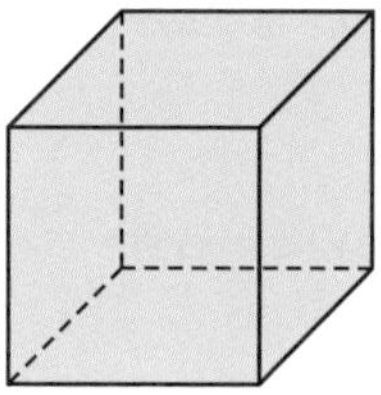

① 面の数は全部でいくつありますか。
（　　　　）

② 辺の数は全部でいくつありますか。
（　　　　）

③ 頂点の数は全部でいくつありますか。
（　　　　）

〈辺と辺の平行・垂直〉

5 右の図の直方体について，次の問題に答えましょう。〔1問　6点〕

/12点

ぜんぶ できたら

数・量・図形 75ページ

ア エ イ ウ ク オ カ キ

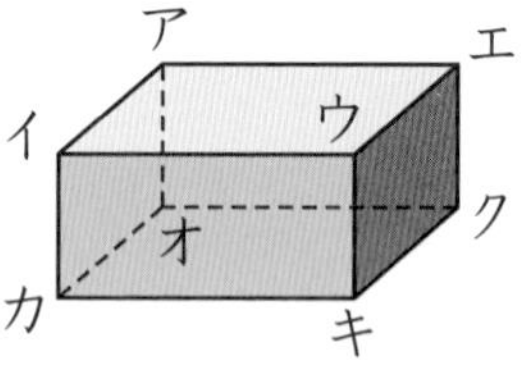

① 辺イウと辺カキは平行ですか，垂直ですか。
（　　　　）

② 辺イウと辺イカは平行ですか，垂直ですか。
（　　　　）

〈面と面の平行・垂直〉

6 右の図の直方体について，次の問題に答えましょう。〔1問　6点〕

/12点

ぜんぶ できたら

数・量・図形 76ページ

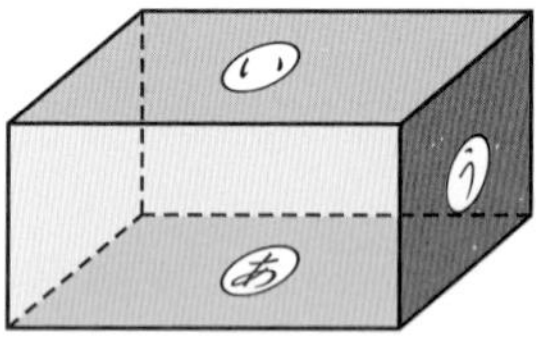

い う あ

① ㋐の面と㋑の面は平行ですか，垂直ですか。
（　　　　）

② ㋐の面と㋒の面は平行ですか，垂直ですか。
（　　　　）

〈辺と面の平行・垂直〉

7 右の図の直方体について，次の問題に答えましょう。〔1問　7点〕

/14点

ぜんぶ できたら

数・量・図形 75ページ～

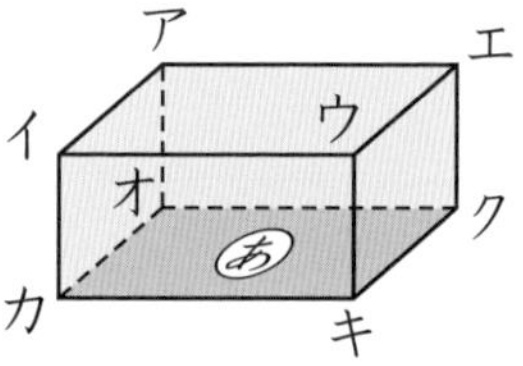

ア エ イ ウ オ ク あ カ キ

① 辺イウと㋐の面は平行ですか，垂直ですか。
（　　　　）

② 辺イカと㋐の面は平行ですか，垂直ですか。
（　　　　）

39 き本テスト②　直方体と立方体

完成目標時間　20分

き本の問題のチェックだよ。
できなかった問題は，しっかり学習してから
完成テストをやろう！

合計とく点　／100点

関連ドリル　●数・量・図形　P.77，81～84

〈見取図とてん開図〉

1 右の見取図で表される直方体を，辺にそってを切り開き，てん開図をかきました。下のあといのうち，正しいほうに○をつけましょう。〔13点〕

（見取図）3cm　1cm　2cm

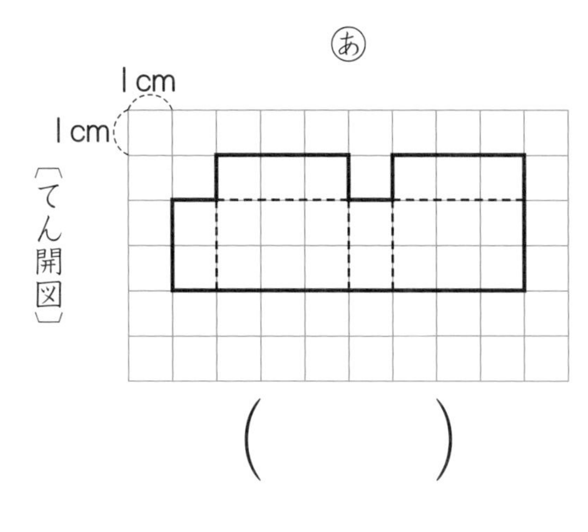

（　　）　（　　）

／13点

数・量・図形 77ページ

〈立方体のてん開図〉

2 次のてん開図を組み立てたとき，立方体ができるてん開図はどれですか。全部えらんで，（　）に記号を書きましょう。〔1つできて　5点〕

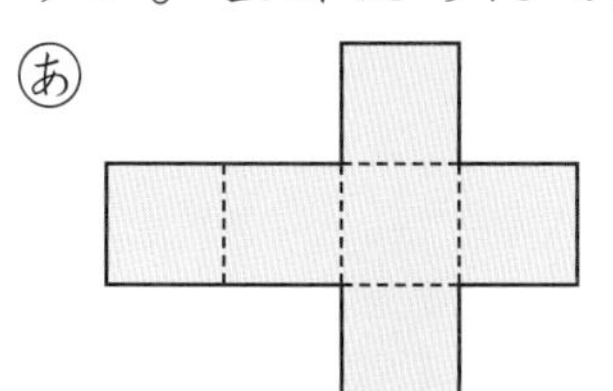

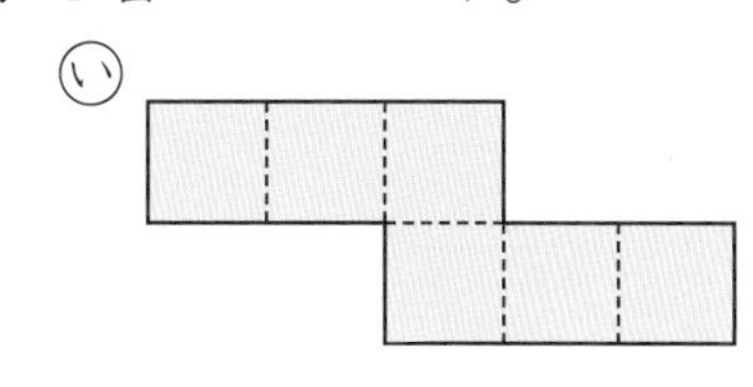

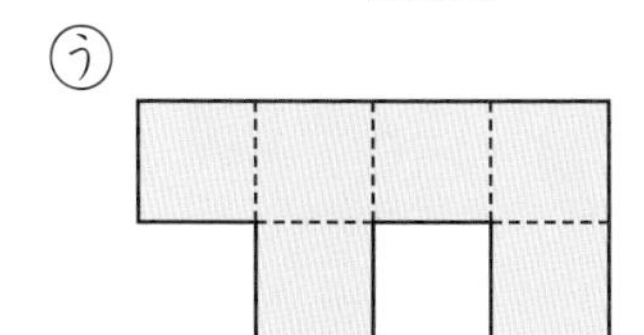

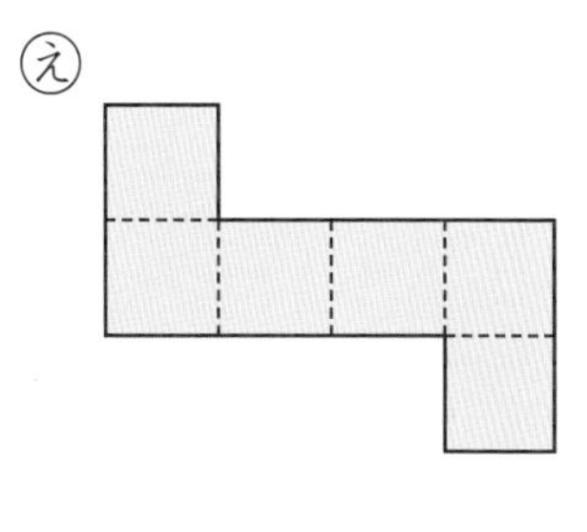

（　　　　）

／15点

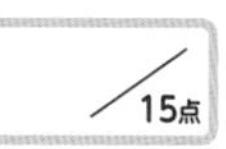

数・量・図形 77ページ

〈平面での位置の表し方〉

3 〔例〕のあのように，い〜えの点の位置を点Oをもとにして表します。□にあてはまる数を書きましょう。

〔い〜え1問全部できて　12点〕

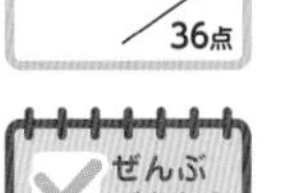

数・量・図形 81・82ページ

〔例〕あ（横2m，たて1m）

い（横4m，たて□m）

う（横□m，たて0m）

え（横□m，たて□m）

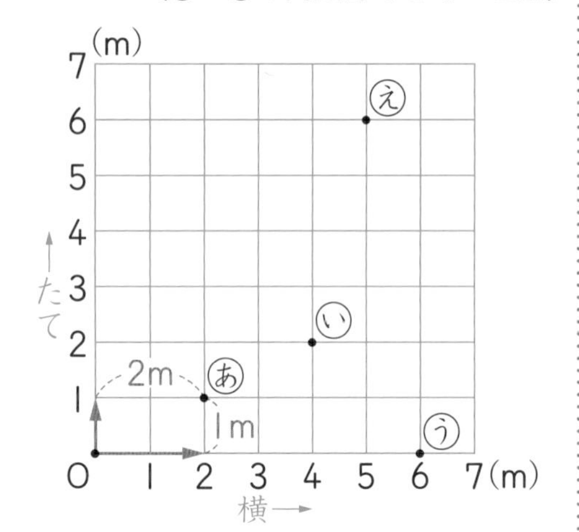

〈空間での位置の表し方〉

4 〔例〕のあのように，い〜えのぼうの先の位置を点Oをもとにして表します。□にあてはまる数を書きましょう。

〔い〜え1問全部できて　12点〕

数・量・図形 83・84ページ

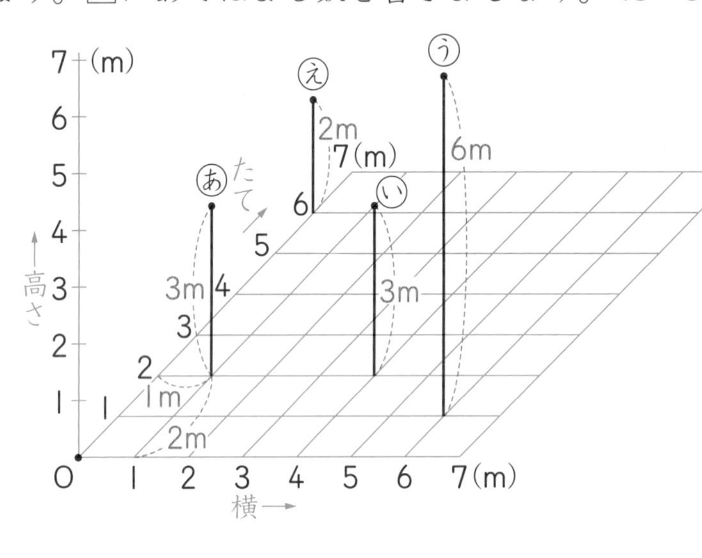

〔例〕あ（横1m，たて2m，高さ3m）

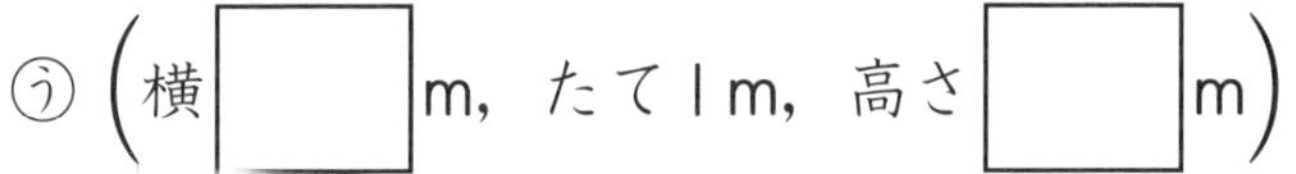

い（横4m，たて□m，高さ□m）

う（横□m，たて1m，高さ□m）

え（横□m，たて□m，高さ□m）

40 完成テスト 直方体と立方体

完成目標時間 20分

●ふく習のめやす
き本テスト・関連ドリルなどでしっかりふく習しよう！
0点　80点 合かく　100点

合計とく点  100点

関連ドリル ●数・量・図形　P.73〜84

1 右の図の直方体について，次の問題に答えましょう。〔1問全部できて　6点〕

① 1つの頂点に集まっている辺の数はいくつずつですか。
（　　　　）

② 辺アエに垂直な辺を全部書きましょう。
（　　　　）

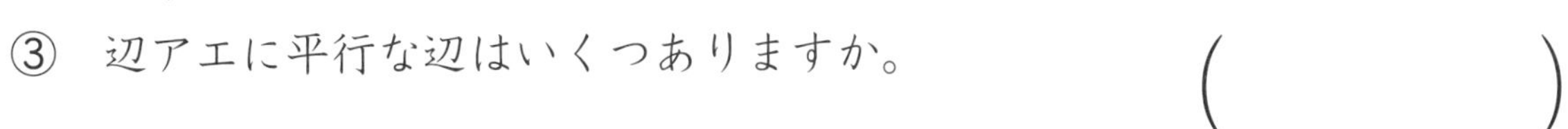

③ 辺アエに平行な辺はいくつありますか。
（　　　　）

④ ㋐の面に垂直な辺を全部書きましょう。
（　　　　）

⑤ ㋐の面に垂直な面はいくつありますか。
（　　　　）

2 右のてん開図から直方体を作るとき，次の問題に答えましょう。
〔1問全部できて　7点〕

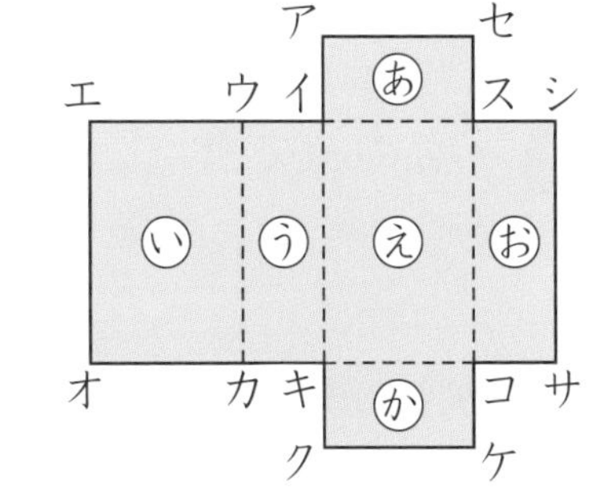

① 辺オカと重なりあう辺はどれですか。
（　　　　）

② 辺アイと辺ウカは，垂直ですか，平行ですか。
（　　　　）

③ ㋒の面に平行な面はどれですか。
（　　　　）

④ ㋑の面に垂直になる面はどれですか。全部書きましょう。
（　　　　）

3 下のような見取図で表される直方体のてん開図をかきましょう。〔10点〕

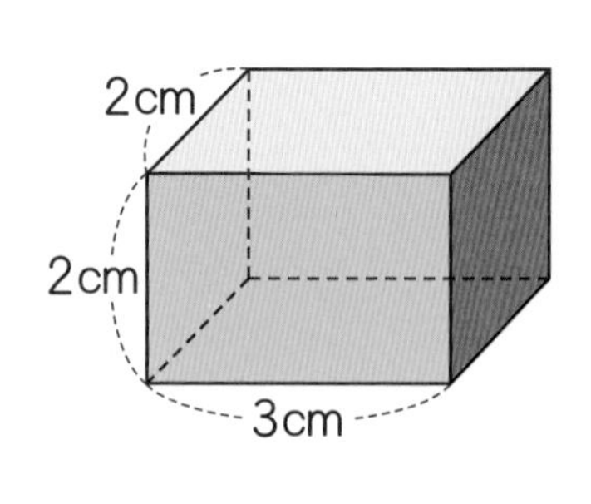

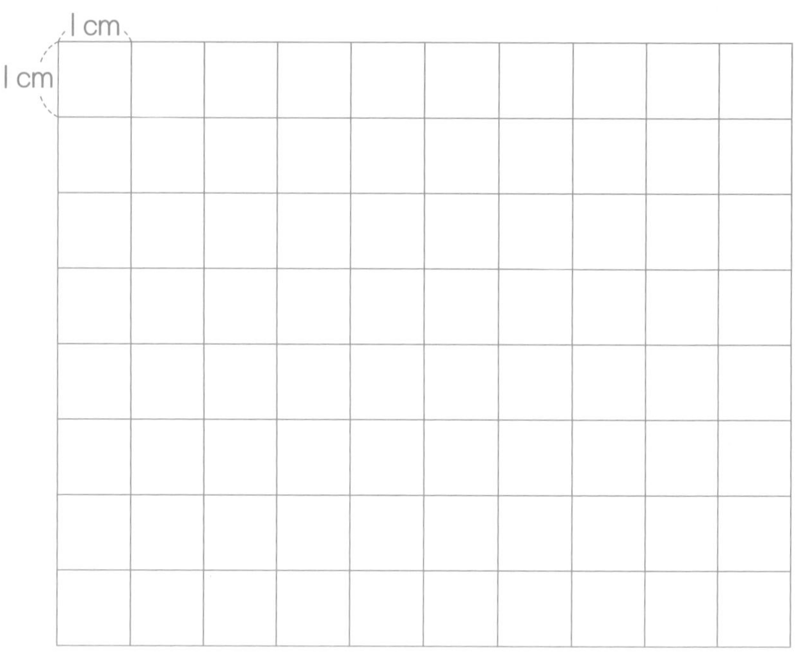

4 さいころの目は，平行な面の数の和がいつも7になっています。右のさいころのてん開図で，㋐，㋑にあてはまる目の数を書きましょう。〔1つ　8点〕

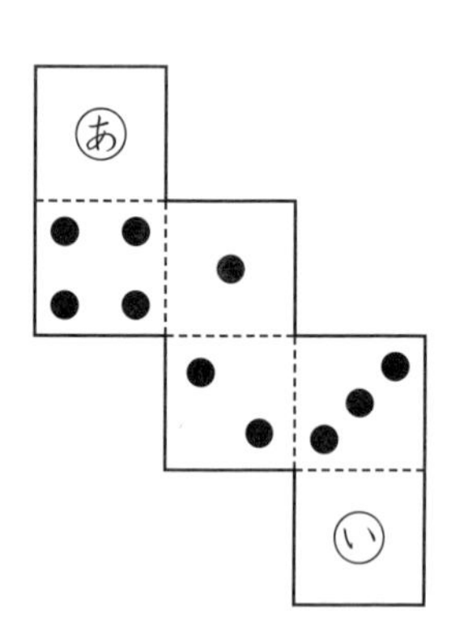

㋐（　　　　）

㋑（　　　　）

5 右の直方体で，頂点(ちょうてん)キと頂点クの位置(いち)を，〔例(れい)〕にならって表しましょう。〔1つ　8点〕

〔例〕　頂点ウ（横6cm，たて8cm，高さ0cm）

頂点キ（　　　　　　　　　　）

頂点ク（　　　　　　　　　　）

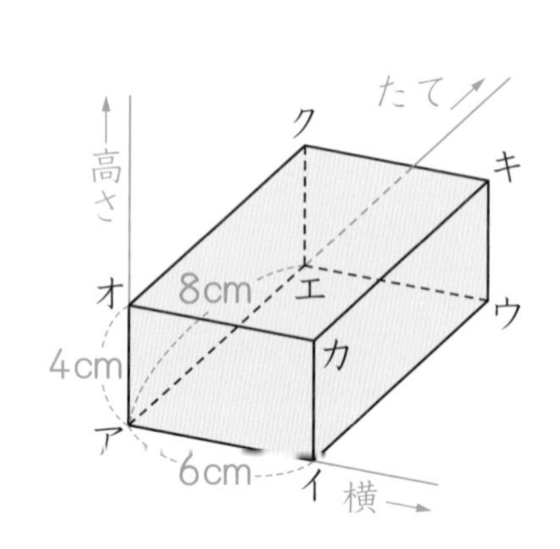

ともにかわる２つの数量

き本の問題のチェックだよ。
できなかった問題は，しっかり学習してから
完成テストをやろう！

合計 とく点　　／100点

関連ドリル　●文章題　P.27～34

〈和が一定の関係〉

1 色紙10まいを，姉と妹の２人で分けます。〔１問全部できて　６点〕

／24点

① 下の表のあいているところに，あてはまる数を書きましょう。

姉の色紙の数(□まい)	1	2	3	4	5	6
妹の色紙の数(○まい)	9	8	7			

② 姉の色紙の数が１まいふえると，妹の色紙の数は何まいへりますか。（　　）

③ 姉と妹の色紙の数の和は，いつも何まいになっていますか。（　　）

④ 姉の色紙の数を□まい，妹の色紙の数を○まいとして，□と○の関係を式に表します。(　)の中の式を完成させましょう。（□＋○＝　　）

ぜんぶできたら

文章題 27ページ～

〈差が一定の関係〉

2 １辺が１cmの正三角形を，下の図のように横につないで，まわりの長さを調べます。〔１問全部できて　７点〕

／28点

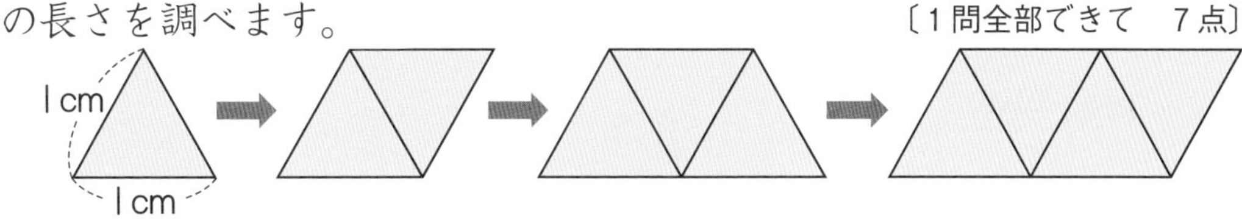

① 右の表のあいているところに，あてはまる数を書きましょう。

正三角形の数(□こ)	1	2	3	4
まわりの長さ(○cm)	3	4		

② 正三角形の数が１こふえると，まわりの長さは何cmふえますか。（　　）

③ まわりの長さを表す数は，正三角形の数よりいくつ多いでしょうか。（　　）

④ 正三角形の数を□こ，まわりの長さを○cmとして，□と○の関係を式に表します。(　)の中の式を完成させましょう。（□＋　　＝○）

ぜんぶできたら

文章題 28ページ～

〈商が一定の関係〉

3 1辺が1cmの正方形を，下の図のようにならべていきます。このときにできる，いちばん外がわの正方形の1辺の長さと，まわりの長さについて調べます。〔1問全部できて　7点〕

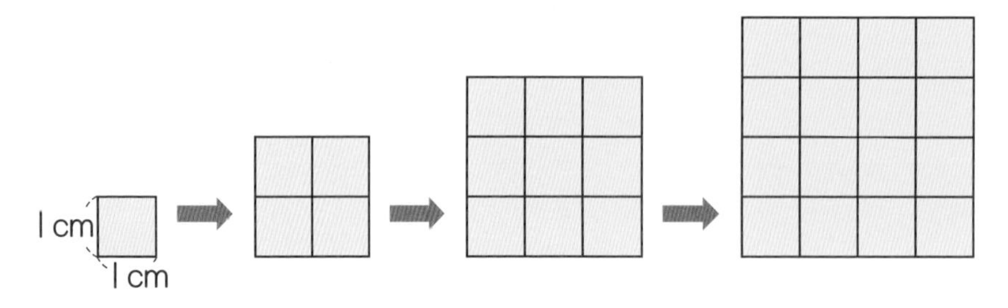

① 右の表のあいているところに，あてはまる数を書きましょう。

1辺の長さ(□cm)	1	2	3	4
まわりの長さ(○cm)	4	8		

② 正方形のまわりの長さを表す数は，1辺の長さの数の何倍になっていますか。

(　　　　)

③ 正方形の1辺の長さを□cm，まわりの長さを○cmとして，□と○の関係を式に表します。(　)の中の式を完成させましょう。

(　□×　　　＝○　)

〈表を使って考える〉

4 ノート1さつと，えん筆を1本，2本，3本，…と買ったときの，えん筆の本数と全部の代金は，次の表のようになります。〔1問　9点〕

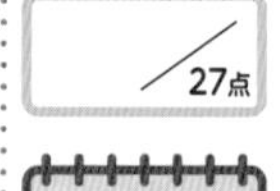

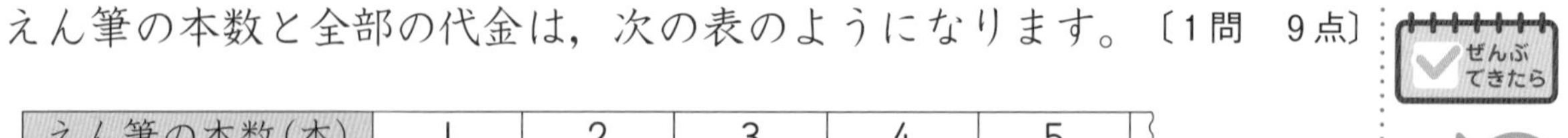

えん筆の本数(本)	1	2	3	4	5
全部の代金(円)	170	220	270	320	370

① えん筆の本数が1本ふえると，全部の代金は何円ふえますか。

(　　　　)

② えん筆1本のねだんは何円ですか。

(　　　　)

③ ノート1さつのねだんは何円ですか。次の〔　〕のうち，正しい答えを○でかこみましょう。

〔　50円　　100円　　120円　　170円　〕

1 まわりの長さが16cmの長方形㋐，㋑，㋒，㋓，㋔の，横の長さとたての長さを調べていきます。〔1問全部できて　7点〕

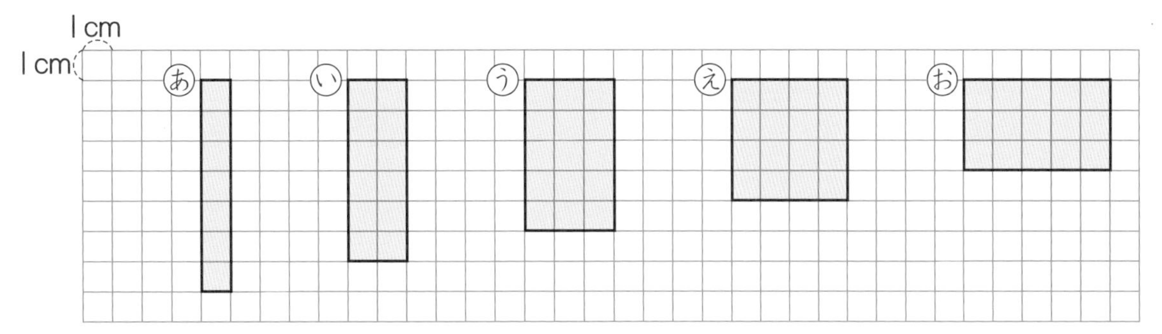

① 下の表のあいているところに，あてはまる数を書きましょう。

	㋐	㋑	㋒	㋓	㋔
横の長さ（□cm）	1	2			
たての長さ（○cm）	7				

② 横の長さを□cm，たての長さを○cmとして，横の長さとたての長さの関係を式に表しましょう。

（　　　　　　　　）

2 ももかさんは，お父さんからえん筆を15本もらいました。このえん筆を妹と２人で分けることにします。〔1問　6点〕

① ももかさんのえん筆の本数を□本，妹のえん筆の本数を○本として，□と○の関係を式に表しましょう。

（　　　　　　　　）

② □の数が８のとき，○にあう数はいくつですか。

（　　　　）

3 だいちさんとおじいさんは，たん生日が同じで，おじいさんは52才年上です。〔1問　6点〕

① だいちさんの年れいを□才，おじいさんの年れいを○才として，おじいさんの年れいをもとめる式を書きましょう。
（　　　　　　）

② □の数が20のとき，○にあう数はいくつですか。
（　　　　　　）

③ ○の数が65のとき，□にあう数はいくつですか。
（　　　　　　）

4 50円切手のまい数と代金について調べます。〔1問　8点〕

① 切手のまい数を□まい，そのときの代金を○円として，代金をもとめる式を書きましょう。
（　　　　　　）

② □の数が6のとき，○にあう数はいくつですか。
（　　　　　　）

③ ○の数が1200のとき，□にあう数はいくつですか。
（　　　　　　）

5 同じねだんのえん筆を何本かと，筆箱を1つ買います。そのときの全部の代金は，下の表のようになります。〔1問　8点〕

えん筆の本数(本)	3	4	5	6	7
全部の代金(円)	590	670	750	830	㋐

① えん筆1本のねだんは何円ですか。
（　　　　　　）

② 筆箱1つのねだんは何円ですか。
（　　　　　　）

③ 表の㋐にあてはまる数はいくつですか。
（　　　　　　）

④ 全部の代金が1150円になるのは，えん筆を何本買ったときですか。
（　　　　　　）

43 き本テスト かんたんな割合

完成目標時間 20分

き本の問題のチェックだよ。
できなかった問題は，しっかり学習してから
完成テストをやろう！

合計とく点 ／100点

関連ドリル ●文章題 P.35・36

1 〈倍を使ってくらべる〉

あるスーパーの，にんじんとだいこんのね上がりのようすを調べました。〔1問 10点〕

にんじん(1本)	だいこん(1本)
50円 ➡ 150円	100円 ➡ 200円

① にんじんは，1本で「50円が150円」になっています。にんじんは，もとのねだんの何倍になっていますか。

（　　　　）

② だいこんは，1本で「100円が200円」になっています。だいこんは，もとのねだんの何倍になっていますか。

（　　　　）

③ もとにする大きさがちがうときは，倍を使ってくらべることができます。にんじんとだいこんでは，どちらのほうが大きくね上がりしたといえますか。

（　　　　）

2 〈倍を使ってくらべる〉

下のように，あるスーパーではキャベツとレタスのねだんがね上がりしました。どちらのほうが大きくね上がりしたといえますか。〔10点〕

キャベツ(1こ)	レタス(1こ)
80円 ➡ 320円	120円 ➡ 360円

（　　　　）

〈倍を使ってくらべる・割合(わりあい)の意味〉

3 よくのびる白色の包帯(ほうたい)と水色の包帯があります。白色の包帯をのばすと，40 cm が 80 cm までのび，水色の包帯をのばすと，20 cm が 60 cm までのびました。 〔1問 10点〕

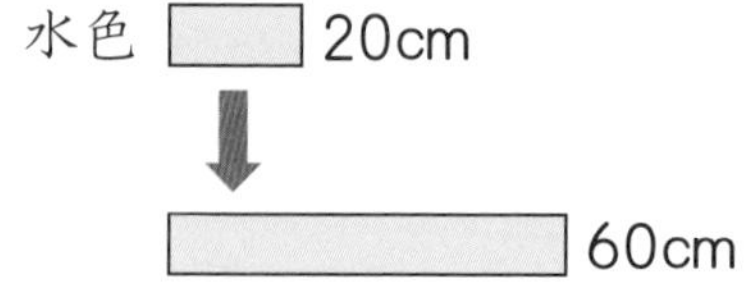

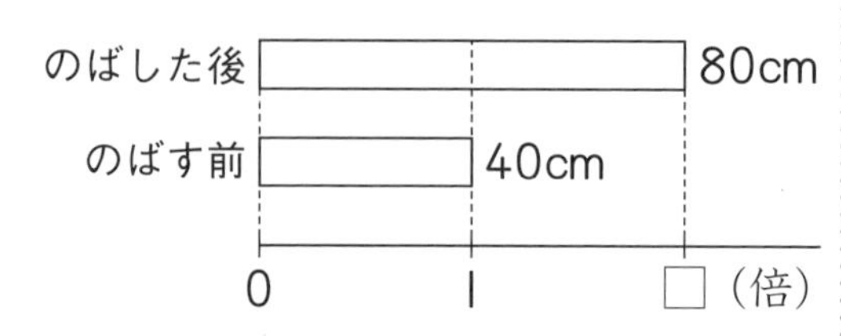

① 白色の包帯の，のばした後の長さは，のばす前の長さの何倍ですか。

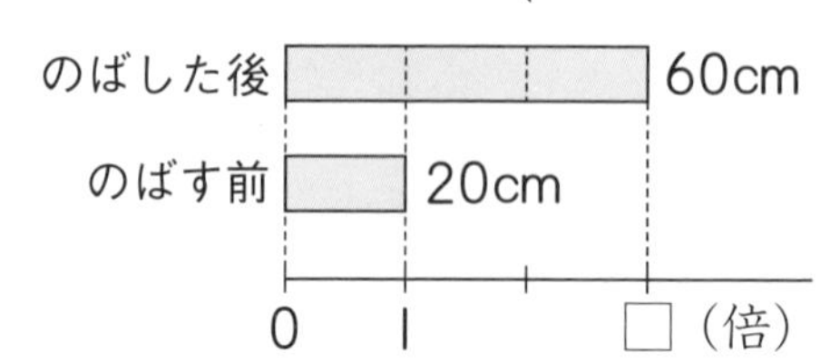

式

答え（　　　）

② 水色の包帯の，のばした後の長さは，のばす前の長さの何倍ですか。

式

答え（　　　）

③ 白色の包帯が 20 cm のとき，のばすと何 cm までのびますか。

（　　　）

④ 白色の包帯と水色の包帯では，どちらがよくのびるといえますか。

（　　　）

⑤ 白色の包帯で，のばす前の長さの 40 cm を 1 とみたとき，のばした後の長さの 80 cm はいくつにあたりますか。

（　　　）

⑥ ⑤のように，くらべる大きさ(80 cm)が，もとにする大きさ(40 cm)のどれだけにあたるかを表した数のことを何といいますか。

（　　　）

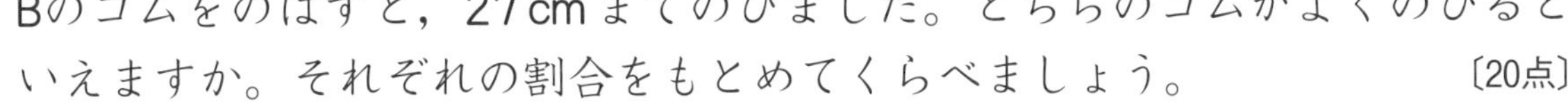

1 6cmのAのゴムをのばすと，24cmまでのびました。同じように，9cmのBのゴムをのばすと，27cmまでのびました。どちらのゴムがよくのびるといえますか。それぞれの割合をもとめてくらべましょう。〔20点〕

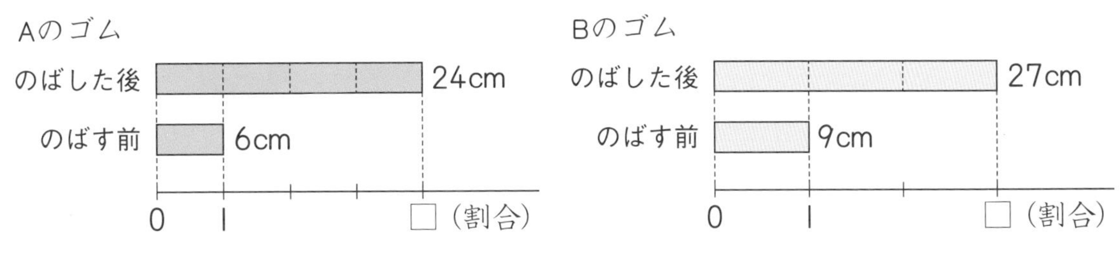

式（Aのゴム）

（Bのゴム）

答え（　　　）

2 先月1本30円だったきゅうりが，今月1本90円にね上がりしました。また，先月1こ60円だったトマトが，今月1こ120円にね上がりしました。どちらのほうが大きくね上がりしたといえますか。それぞれの割合をもとめてくらべましょう。〔20点〕

式（きゅうり）

（トマト）

答え（　　　）

3 10cmのAのゴムをのばすと，20cmまでのびました。同じように，5cmのBのゴムをのばすと，15cmまでのびました。どちらのゴムがよくのびるといえますか。それぞれの割合（わりあい）をもとめてくらべましょう。〔20点〕

式 (Aのゴム)

(Bのゴム)

答え (　　　　)

4 あるお店では，1こ180円だったはくさいが，1こ360円にね上がりしました。また，1こ90円だったブロッコリーが，1こ270円にね上がりしました。どちらのほうが大きくね上がりしたといえますか。それぞれの割合をもとめてくらべましょう。〔20点〕

式 (はくさい)

(ブロッコリー)

答え (　　　　)

5 よくのびる白色の包帯（ほうたい）と水色の包帯があります。白色の包帯をのばすと，10cmが40cmまでのび，水色の包帯をのばすと，15cmが45cmまでのびました。どちらの包帯がよくのびるといえますか。それぞれの割合をもとめてくらべましょう。〔20点〕

式 (白色の包帯)

(水色の包帯)

答え (　　　　)

45 き本テスト しりょうの整理とグラフ

完成目標時間 20分

き本の問題のチェックだよ。
できなかった問題は，しっかり学習してから
完成テストをやろう！

合計とく点 ／100点

関連ドリル ●数・量・図形 P.85～94

〈2つの見かたで整理する〉

1 たかしさんは，10月の学校でのけが調べをして，右の表に整理しています。 〔( )1つ 6点〕

／24点

けが調べ(人)

場所＼けが	切りきず	打ぼく	合計
教室	あ	い	ア
体育館	う	え	イ
校庭	お	か	ウ
合計	エ	オ	カ

① 次のようなけがをした人は，表のあ～かのどこにあてはまりますか。

㋐ 体育館で指を切った人 (　　)　㋑ 校庭で足を打ぼくした人 (　　)

② 次の人数は，表のア～カのどこに書けばよいでしょうか。

㋐ 教室でけがをした人の合計 (　　)　㋑ 切りきずをした人の合計 (　　)

〈なかまに分けて整理〉

2 はるかさんたち9人を，ぼうしをかぶっている人とかぶっていない人，かばんを持っている人と持っていない人で，下の表のように整理しています。 〔( )1つ 6点〕

／18点

はるか　ゆうと　あやか　ゆうな　そうた　たくみ　ゆい　こうた　ななみ

はるかさん，ゆうとさん，あやかさんはそれぞれ右の表のあ～えのどこにあてはまりますか。

ぼうしとかばん調べ(人)

	かばんを持っている	かばんを持っていない	合計
ぼうしをかぶっている	あ	い	4
ぼうしをかぶっていない	う	え	5
合計	5	4	9

はるか (　　)　ゆうと (　　)　あやか (　　)

3 〈折れ線グラフを読む〉

ある日の気温を調べて，右の折れ線グラフに表しました。

〔(　)1つ　5点〕

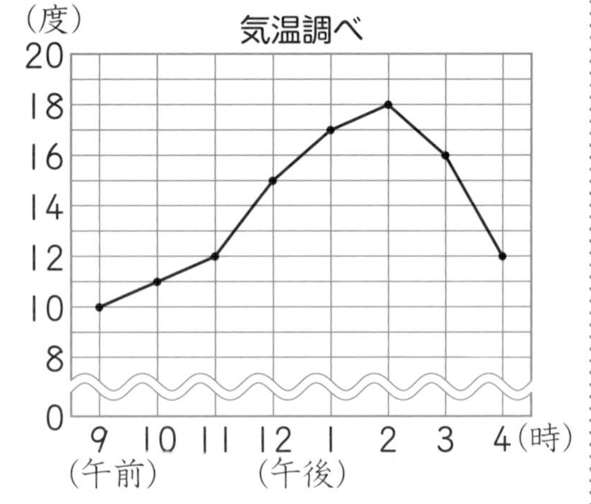

① 折れ線グラフの横とたてのじくは，それぞれ何を表していますか。

横(　　　　　)

たて(　　　　　)

② たてのじくの1目もりは，何度ですか。

(　　　　　)

③ グラフの〰〰のしるしを使うと，気温のかわり方のようすは見やすくなりますか，見にくくなりますか。

(　　　　　)

④ 午前10時の気温は何度ですか。

(　　　　　)

⑤ 気温が18度になったのは，午後何時ですか。

(　　　　　)

⑥ 午前11時から午前12時までに，気温は何度上がりましたか。

(　　　　　)

⑦ 午後3時から午後4時までに，気温は何度下がりましたか。

(　　　　　)

40点

ぜんぶできたら

数・量・図形 89ページ〜

4 〈折れ線グラフのかたむき〉

折れ線グラフのかたむきが①〜③のようになっています。下のあ〜うからあてはまるものをえらんで，記号で答えましょう。〔1問　6点〕

①
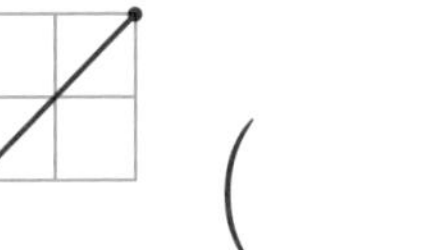
(　　　　)

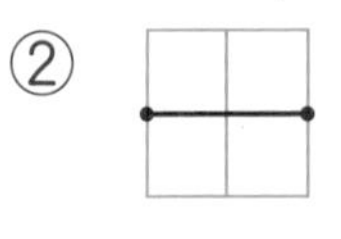

②

(　　　　)

③
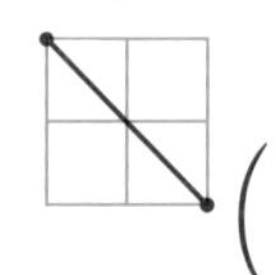
(　　　　)

〔 あ　ふえる(上がる)　　い　へる(下がる)　　う　かわらない 〕

18点

ぜんぶできたら

数・量・図形 89ページ〜

しりょうの整理とグラフ

●ふく習のめやす
き本テスト・関連ドリルなどでしっかりふく習しよう！
0点 80点 合かく 100点

合計とく点 /100点

関連ドリル ●数・量・図形 P.85～94

1 右の表は，よしきさんの組で，最近読んだ本と読んだ場所について調べたものです。

〔①全部できて 10点 ②，③1問 6点〕

読んだ本と場所

番号	本の種類	読んだ場所
①	まんが	自分の家
②	物語	学校
③	図かん	学校
④	物語	自分の家
⑤	まんが	図書館
⑥	童話	図書館
⑦	物語	友だちの家
⑧	まんが	友だちの家
⑨	物語	自分の家
⑩	図かん	図書館

番号	本の種類	読んだ場所
⑪	童話	自分の家
⑫	まんが	図書館
⑬	物語	学校
⑭	まんが	友だちの家
⑮	物語	図書館
⑯	まんが	友だちの家
⑰	図かん	図書館
⑱	物語	学校
⑲	童話	学校
⑳	物語	図書館

① 読んだ本の種類と読んだ場所で分けて，人数を右の表に書きましょう。

読んだ本と場所（人）

	自分の家	学校	図書館	友だちの家	合計
まんが	1				
物語					
図かん					
童話					
合計					

② 読んだ本の種類で，いちばん多かったのは何ですか。

（　　　）

③ 読んだ場所で，いちばん多かったのはどこですか。

（　　　）

「正」を書いて数を調べよう。

2 右の表は，かんなさんの組で，夏休みに山や海へ行った人数を調べたものです。

〔①全部できて 8点，② 6点〕

① 表のあいているところに，あてはまる人数を書きましょう。

② 山と海のどちらにも行かなかった人は何人ですか。

（　　　）

山や海へ行った人調べ（人）

		山 行った	山 行かなかった	合計
海	行った	7		20
海	行かなかった			
合計		21		36

3 右のグラフは，ある場所で毎月１日の同じ時こくに，気温といど水の温度を調べたものです。

〔１問全部できて　８点〕

① たてのじくの１目もりは何度ですか。

(　　　　)

② 温度のかわり方が大きいのは，気温といど水のどちらですか。

(　　　　)

③ 気温の上がり方がいちばん大きかったのは，何月から何月の間ですか。

(　　　　　　　　)

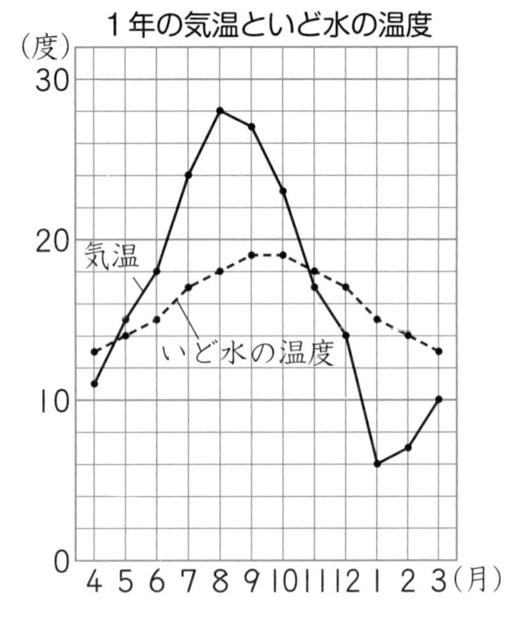

④ 気温といど水の温度の差がいちばん大きかったのは何月ですか。また，その差は何度ですか。

月(　　　　) 差(　　　　)

4 下の表は，えいたさんの身長を毎年同じ日に調べたものです。

〔１問全部できて　８点〕

えいたさんの身長

年れい(才)	5	6	7	8	9
身長(cm)	110	113	118	124	129

① 右の図のたてのじくの□にあてはまる数を書きましょう。

② えいたさんの身長を折れ線グラフに表しましょう。

③ ㋐のらんに表題を書きましょう。

④ 身長ののび方がいちばん大きかったのは，何才と何才の間ですか。

(　　　　　　　　)

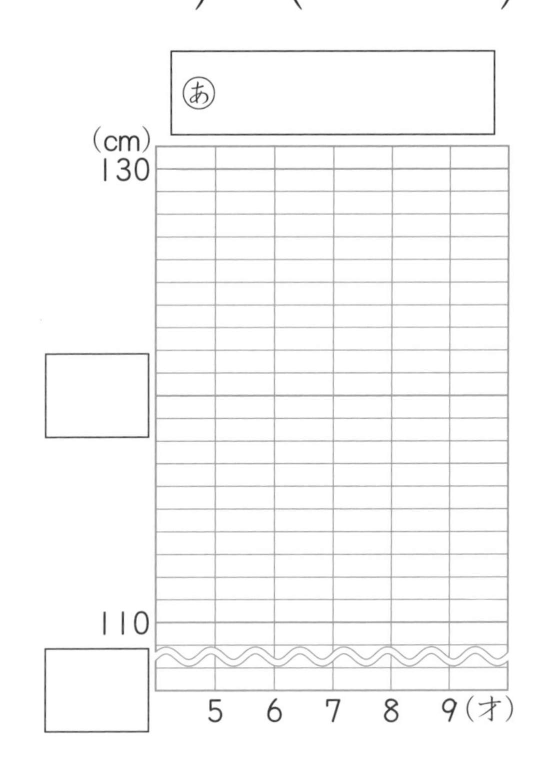

1 りんごとなしが，あわせて40こあります。りんごのほうが，なしより6こ多いそうです。りんごとなしは，それぞれ何こありますか。〔12点〕

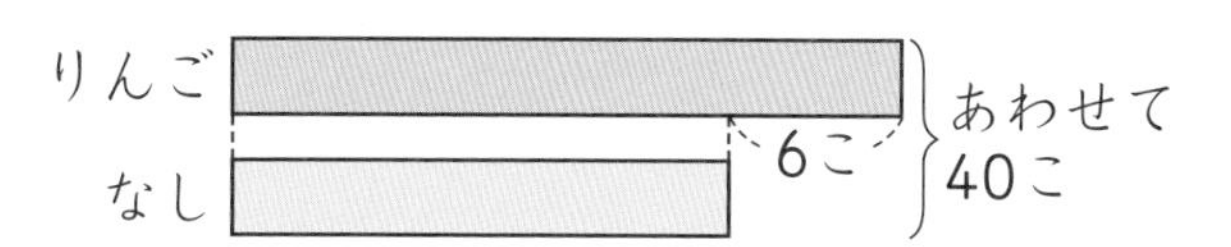

答え（　　　　　）

2 赤い色紙と青い色紙が，あわせて85まいあります。赤い色紙のほうが，青い色紙よりも9まい多いそうです。赤い色紙と青い色紙は，それぞれ何まいありますか。〔12点〕

答え（　　　　　）

3 まどかさんはおはじきを18こ，妹は12こ持っています。まどかさんが妹に何こあげると，2人のおはじきの数が同じになりますか。〔12点〕

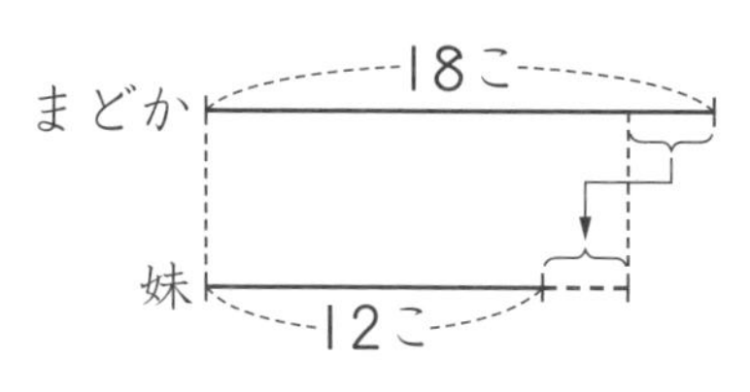

答え（　　　　　）

4 あきなさんは色紙を64まい，妹は38まい持っています。あきなさんが妹に何まいあげると，2人の色紙の数が同じになりますか。〔12点〕

答え（　　　　　）

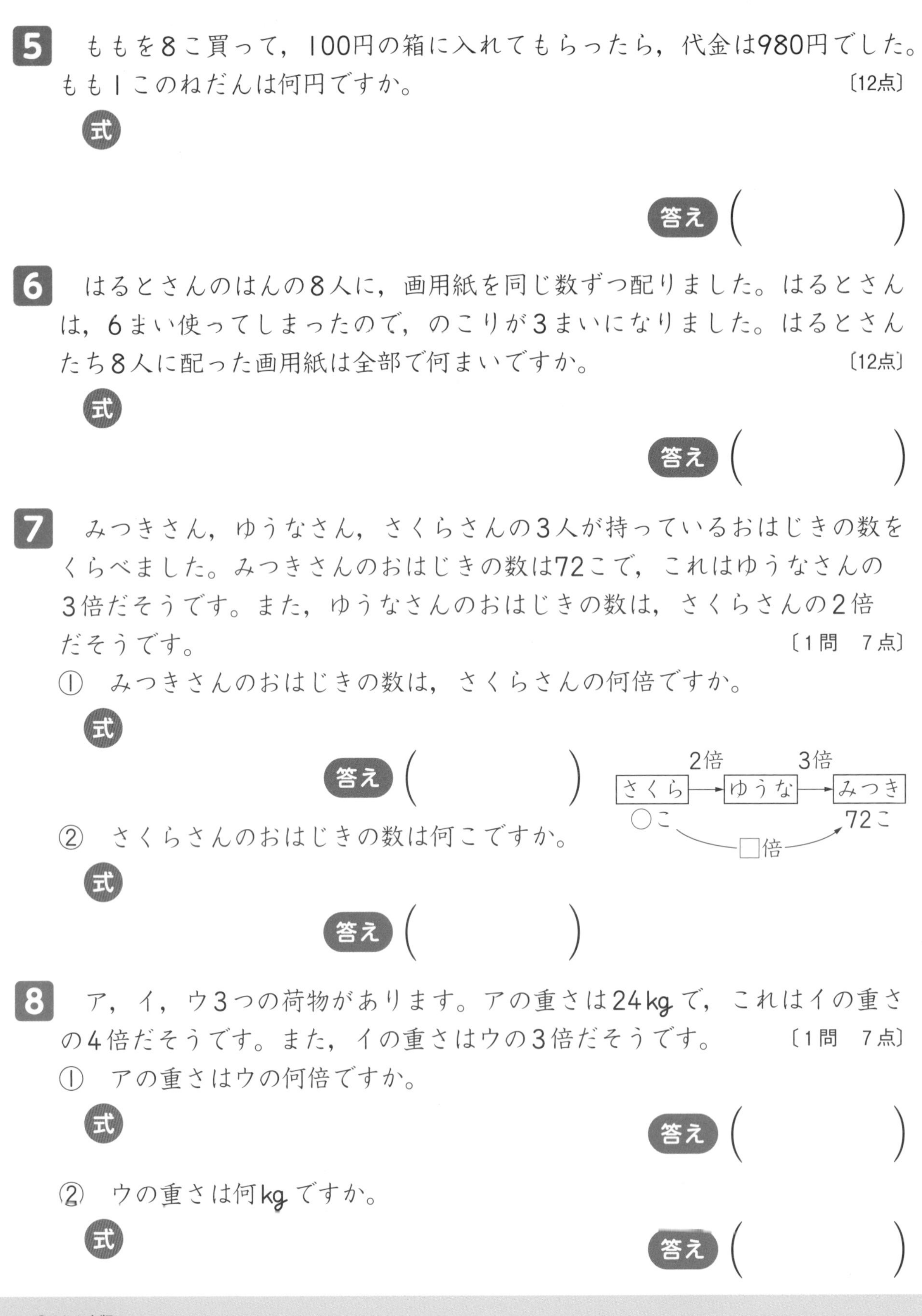

5 ももを8こ買って，100円の箱に入れてもらったら，代金は980円でした。もも1このねだんは何円ですか。〔12点〕

式

答え（　　　）

6 はるとさんのはんの8人に，画用紙を同じ数ずつ配りました。はるとさんは，6まい使ってしまったので，のこりが3まいになりました。はるとさんたち8人に配った画用紙は全部で何まいですか。〔12点〕

式

答え（　　　）

7 みつきさん，ゆうなさん，さくらさんの3人が持っているおはじきの数をくらべました。みつきさんのおはじきの数は72こで，これはゆうなさんの3倍だそうです。また，ゆうなさんのおはじきの数は，さくらさんの2倍だそうです。〔1問　7点〕

① みつきさんのおはじきの数は，さくらさんの何倍ですか。

式

答え（　　　）

② さくらさんのおはじきの数は何こですか。

式

答え（　　　）

8 ア，イ，ウ3つの荷物があります。アの重さは24kgで，これはイの重さの4倍だそうです。また，イの重さはウの3倍だそうです。〔1問　7点〕

① アの重さはウの何倍ですか。

式

答え（　　　）

② ウの重さは何kgですか。

式

答え（　　　）

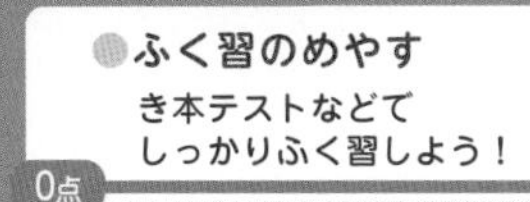

仕上げテスト(1)

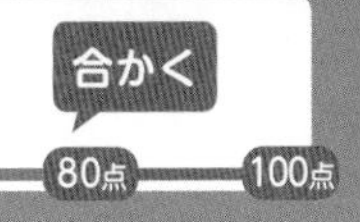

●ふく習のめやす
き本テストなどで
しっかりふく習しよう！
0点　合かく 80点　100点

合計とく点　／100点

1 次の数を数字で書きましょう。〔1問 4点〕

① 四百六十三億五千二十七万 (　　　　)

② 二十六兆五百九十億 (　　　　)

2 次の数を四捨五入して，上から2けたのがい数にしましょう。〔1問 5点〕

① 65047 (　　　　)　② 846399 (　　　　)

3 次の計算をしましょう。(わりきれないときは，商を整数でもとめ，あまりを出しましょう。)〔1問 5点〕

① $7\overline{)185}$

② $36\overline{)288}$

③ $49\overline{)905}$

4 次の計算をしましょう。〔1問 5点〕

① 3.16＋0.75　② 15.8＋7.56

③ 5.82－1.25　④ 4.2－2.48

5 次の計算をしましょう。 〔1問　5点〕

①
$$\begin{array}{r} 2.4 \\ \times\ 16 \\ \hline \end{array}$$

②
$$\begin{array}{r} 0.53 \\ \times\ \ 26 \\ \hline \end{array}$$

6 次の問題に答えましょう。 〔1問　5点〕

① たてが4cm，横が6cmの長方形の面積(めんせき)は何cm^2ですか。

式

答え（　　　）

② 1辺(へん)が9mの正方形の面積は何m^2ですか。

式

答え（　　　）

7 分度器(ぶんどき)を使って，次のⓐの角度をはかり，（　）に書きましょう。

〔1問　5点〕

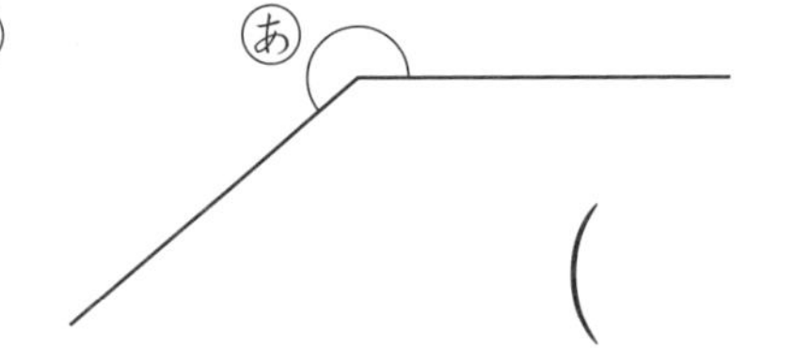

①（　　　）　②（　　　）

8 右の図のように，平行な直線ア，イに直線ウが交わっています。 〔1問　5点〕

① ⓐの角度は何度ですか。（　　　）

② ⓘの角度は何度ですか。（　　　）

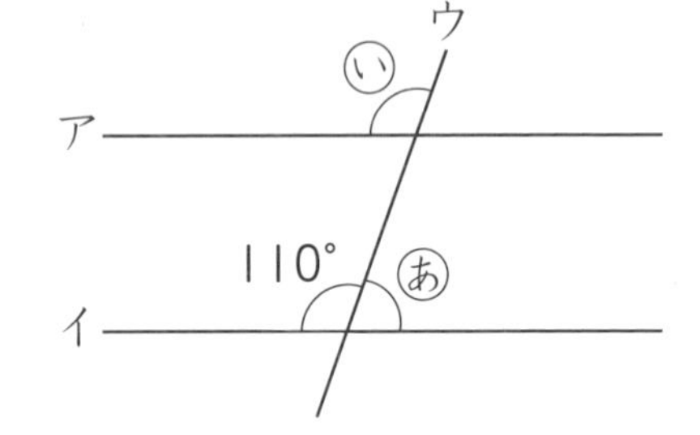

9 4年生345人が，バスに乗って遠足に行きます。1台のバスには44人乗れます。バスは何台いりますか。 〔7点〕

式

答え（　　　）

49 完成 目標時間 20分

仕上げテスト(2)

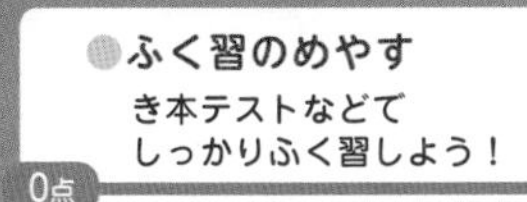

合計とく点

1 次の数を書きましょう。〔1問　4点〕

① 1を4つと，0.1を3つと，0.01を8つあわせた数　（　　　）

② 0.1を6つと，0.001を7つあわせた数　（　　　）

③ 8.324より0.003大きい数　（　　　）

2 次の仮分数を帯分数か整数に，帯分数を仮分数になおしましょう。〔1問　5点〕

① $\frac{16}{7}$　② $\frac{18}{9}$

③ $1\frac{5}{8}$　④ $2\frac{3}{5}$

3 次の計算を，わりきれるまでしましょう。〔1問　5点〕

① $8\overline{)12.8}$　② $6\overline{)5.1}$　③ $25\overline{)8.5}$

4 次の計算をしましょう。〔1問　6点〕

① $1\frac{4}{7}+2\frac{6}{7}$　② $4\frac{1}{5}-2\frac{4}{5}$

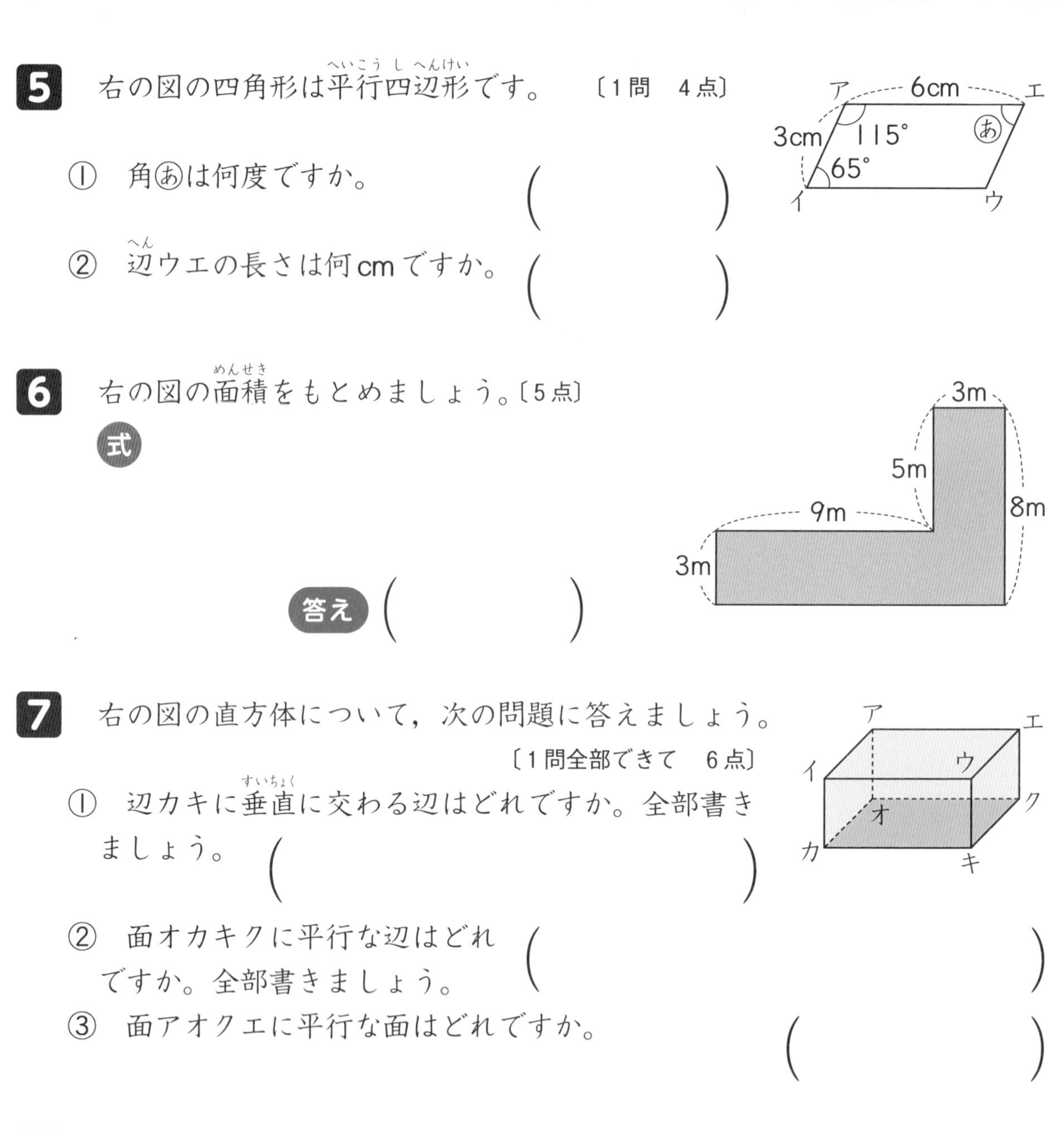

5 右の図の四角形は平行四辺形です。〔1問　4点〕

① 角㋐は何度ですか。（　　　）

② 辺ウエの長さは何cmですか。（　　　）

6 右の図の面積をもとめましょう。〔5点〕

式

答え（　　　）

7 右の図の直方体について，次の問題に答えましょう。

〔1問全部できて　6点〕

① 辺カキに垂直に交わる辺はどれですか。全部書きましょう。（　　　）

② 面オカキクに平行な辺はどれですか。全部書きましょう。（　　　）

③ 面アオクエに平行な面はどれですか。（　　　）

8 おはじきが16こあります。これをみずきさんは妹と2人で分けることにしました。次の問題に答えましょう。〔1問　5点〕

① みずきさんのおはじきの数を□こ，妹のおはじきの数を○ことして，□と○の関係を式に書きましょう。（　　　）

② ①の式で，○の数が7のとき，□にあう数はいくつですか。（　　　）

答え 4年生

1 P.1-2 3年生のふく習(1)

1 ①37000000 ②4258000 ③6400000
2 ①725 ②7291 ③5208
3 ①144 ②1645 ③1810
④2484 ⑤13416 ⑥47582
4 ①< ②>
5 ①2.7 ②1.2 ③2.4 ④0.6
6 ①3cm ②12cm
7 午後5時10分
8 式 600g＝0.6kg
0.6＋1.2＝1.8 答え 1.8kg
9 式 $\frac{7}{9}-\frac{3}{9}=\frac{4}{9}$ 答え $\frac{4}{9}$m

2 P.3-4 3年生のふく習(2)

1 ①4 ②8 ③4あまり3
④9あまり1 ⑤5あまり2
⑥6あまり2 ⑦20 ⑧12
2 ①3400 ②(左から)4，50
③4700 ④(左から)5，240
⑤2060
3 ①$\frac{3}{5}$ ②1 ③$\frac{1}{8}$ ④$\frac{7}{9}$
4 ①正三角形 ②二等辺三角形
5 ①22m ②はると ③10m
6 式 75×24＝1800 答え 1800円
7 式 □＋18＝50 答え 32こ

3 き本テスト P.5-6 大きな数

1 二百五十三億七百八十四万五千九百六十
2 ①5 ②2 ③7
3 ①10 ②10 ③10 ④100
4 三兆千四百三十億六千二百八十万七千
5 ①2 ②6
6 ①10 ②10
7 2237485420000に○
8 ①4億 ②24億 ③50億 ④380億
9 ①あ20億 い300億
②う3億 え40億

ポイント
★ 整数を10倍すると，位(くらい)が1けたずつ上がり，$\frac{1}{10}$にすると，位が1けたずつ下がります。

4 完成(かんせい)テスト P.7-8 大きな数

1 三兆千四百八億二千七百五十九万六千
2 ①2052340900000 ②725000000
3 ア3000万，イ6000万，ウ1億4000万，
エ4000億，オ1兆8000億，
カ2兆3000億
4 ①7600 ②(左から)2，7
5 ①> ②> ③< ④< ⑤<
6 ①150億 ②6500億 ③3500兆
④2兆 ⑤3兆 ⑥45億 ⑦70億
⑧6000億
7 ①100100000 ②999999999000

5 き本テスト P.9-10 わり算(1)

1 20

2 30

3 ①〜③
$$\begin{array}{r} 43 \\ 2\overline{)86} \end{array}$$

4 ①2　②5　③25

5 ①1　②(左から)6，1　③16，1

6 ① $3\overline{)47}$ 商 15 あまり 2　② 3×15＝15 … 3×1＝3，45 → 45＋2＝47

③(左から)15，2

④(左から)15，2

ポイント

★ わり算のあまりは，わる数よりも小さくなるようにします。

6 完成テスト P.11-12 わり算(1)

1 ①30　②100　③40　④80
⑤30　⑥60

2 ①24　②22　③30　④16　⑤28
⑥15　⑦19　⑧16　⑨16

3 ①11あまり1　②24あまり2
③16あまり3　④11あまり6
⑤10あまり3　⑥27あまり1

4 ①23あまり2　②11あまり3

〈けん算〉　〈けん算〉

4×23：12，8 → 92，92＋2＝94　　7×11：7，7 → 77，77＋3＝80

94＝4×23＋2　80＝7×11＋3

5 式　85÷5＝17　答え　17cm

6 式　79÷3＝26あまり1
答え　26人に分けられて，1まいあまる。

7 き本テスト P.13-14 わり算(2)

1 ①2　②4　③6　④246

2 ①1　②2　③(左から)3，1
④123，1

3 ①8　②6　③86

4 ①7　②(左から)9，4　③79，4

5 ①百の位　②十の位

8 完成テスト P.15-16 わり算(2)

1 ①143　②103　③123
④172あまり1　⑤205あまり2
⑥165あまり2

2 ①95　②68　③97
④53あまり3　⑤61あまり1
⑥87あまり6

3 ①13　②13　③12　④23　⑤120
⑥430　⑦250　⑧120

4 式　845÷6＝140あまり5
答え　140箱できて，5こあまる。

5 式　470÷9＝52あまり2
答え　1人分は52まいで，2まいあまる。

9 き本テスト P.17-18 わり算(3)

1 ①3　②3

2 (左から)①4，10　②3，30

3 ①3　④ $21\overline{)63}$ 商 3，63，0

4 ①4　④
21)85 → 商 4
84
1

5 ①6　④
21)126 → 商 6
126
0

6 ①8　④
21)174 → 商 8
168
6

10 完成テスト P.19-20　わり算(3)

1 ①4　②6　③2あまり10
④4あまり10　⑤4あまり20
⑥6あまり30

2 ①6　②3　③3　④5あまり2
⑤3あまり5　⑥3あまり2
⑦3あまり3　⑧6あまり5
⑨3あまり6

3 ①4　②6　③6　④9あまり17
⑤6あまり46　⑥7あまり31
⑦3　⑧3あまり32　⑨8

4 式　88÷12＝7あまり4
答え　7箱できて，4こあまる。

5 式　140÷25＝5あまり15,5＋1＝6
答え　6まい

11 き本テスト P.21-22　わり算(4)

1 ①十　②1　⑧
⑤3
21)273 → 商 13
21
63
63
0

2 ①十　②3　⑧
⑤4
23)788 → 商 34
69
98
92
6

3 ①十　②4　⑥
⑤0
16)643 → 商 40
64
3

4 ①同じ　②4

5 (左から)①8，4　②450，90

6 ①
300)6900 → 商 23
6
9
9
0

②
250)8700 → 商 34
75
120
100
20

ポイント

★ わり算の答えを商(しょう)といいます。
★ 終わりに0のある数のわり算は，わる数の0とわられる数の0を，同じ数だけ消してから計算します。あまりをもとめるときは，あまりに消した0の数だけ0を書きたします。

12 完成テスト P.23-24　わり算(4)

1 ①13　②14　③32　④24　⑤43
⑥35　⑦12あまり8　⑧24あまり3
⑨32あまり4　⑩32あまり24
⑪45あまり11　⑫26あまり12

2 ①30　②40あまり5
③20あまり12

3 ①18　②30あまり100
③23あまり40

4 式　300÷12＝25　答え　25箱

5 式　550÷12＝45あまり10
45＋1＝46　答え　46回

13 き本テスト① P.25-26 がい数

1 ①3万　②およそ3万

2 ①およそ2000　②およそ4000
③およそ5000　④およそ4000

3 ①1，2，3，4　②5，6，7，8，9

4 ①十の位　②6

5 ①(上から)3けため　②3

6 ①3500　②4200　③8300　④8200

7 ①入る　②入らない
③(左から)10，14

ポイント

★ がい数をもとめるときは，もとめる位(くらい)の1つ下の位の数字が
0，1，2，3，4は切り捨(す)てる
5，6，7，8，9は切り上げる
このようなしかたでがい数にすることを**四捨五入**(ししゃごにゅう)といいます。
★ 以上(いじょう)，以下(いか)はその数をふくみます。未満(みまん)はその数をふくみません。

14 き本テスト② P.27-28 がい数

1 ①4900　②2400　③2000　④5800

2 ①900　②12000

3 ①20　②50

4 ①式　4000＋4000＝8000
答え　約8000人
②式　4200－3700＝500
答え　約500人

5 式　400×20＝8000
答え　約8000m

6 式　30000÷30＝1000
答え　約1000円

ポイント

★ がい数にして計算するときは，それぞれの数を四捨五入(ししゃごにゅう)して，がい数にしてから式をたてます。
★ 百の位(くらい)までのがい数にするには，十の位の数字を四捨五入します。

15 完成(かんせい)テスト P.29-30 がい数

1 ①25000　②46000　③52000
④71000

2 ①250000　②360000　③660000
④500000

3 ①54000　②52000　③610000
④730000

4 ①0，1，2，3，4　②5，6，7，8，9

5 (○でかこむもの)4025，3970，
4049，3950

6 (左から)1450，1550

7 式　17000＋21000＝38000
答え　約38000人

8 式　600×40＝24000
答え　約24000円

16 き本テスト P.31-32 小　数

1 1…3，0.1…2，
0.01…4，0.001…6

2 ①3　②4

3 ①0.01　②0.1　③1　④0.1
⑤0.01　⑥0.001

4 ①0.01L　②0.02L　③0.03L

5 ①あ0.01m　い0.05m
②う0.001m　え0.005m

6 ①0.1　②0.01　③0.001　④0.1
⑤0.01　⑥0.001

7 ① 1.53 + 1.21 = 2.74　② 0.78 + 2.13 = 2.91　③ 6.1 + 4.21 = 10.31

8 ① 4.75 − 2.31 = 2.44　② 3.62 − 0.47 = 3.15　③ 4.76 − 3.4 = 1.36

ポイント

★ 小数の位（くらい）どりは，下のようになっています。

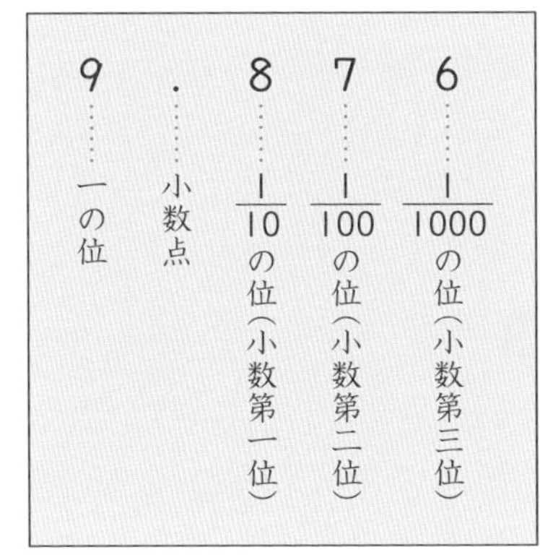

17 完成テスト① P.33-34 小数

1 ①2.354　②0.861　③0.702

2 ①8つ　②60　③115

3 ①6つ　②30　③150

4 ①8.31　②0.831　③4.69　④46.9

5 1.325

6

7 ①＞　②＜　③＜　④＜

8 ①1.45 m　②0.15 m　③180 cm　④24 cm　⑤0.065 km　⑥1050 m　⑦0.035 kg　⑧21500 g　⑨0.3 L　⑩12 dL

18 完成テスト② P.35-36 小数

1 ①3.96　②5.85　③4.05　④7.06　⑤9　⑥13.15　⑦10.51　⑧10.08　⑨15.84　⑩19.34

2 式 650 g＝0.65 kg
2.7＋0.65＝3.35　答え 3.35 kg

3 ①1.34　②3.24　③5.96　④4.72　⑤0.16　⑥2.46　⑦3.25　⑧2.03　⑨0.36　⑩11.04　⑪2.92　⑫0.92

4 式 4.03－1.25＝2.78　答え 2.78 kg

19 き本テスト P.37-38 小数のかけ算

1 ①0.6　②1.8　③4　④3.6

2 ①② 3.2 × 4 = 12.8

3 ① 3.6 × 3 = 10.8　② 4.6 × 5 = 23.0　③ 1.6 × 24：64，32，38.4

4 ①② 2.14 × 3 = 6.42

5 ① 4.12 × 3 = 12.36　② 2.34 × 26：1404，468，60.84　③ 1.24 × 25：620，248，31.00

6 ①② 0.4 × 43：12，16，17.2

7 ① 0.7 × 23：21，14，16.1　② 0.38 × 54：152，190，20.52　③ 0.15 × 36：90，45，5.40

ポイント

★ 小数に整数をかける筆算では，かけられる数の小数点の右のけた数と，積(せき)の小数点の右のけた数が同じになるようにします。

20 完成テスト P.39-40 小数のかけ算

1 ①2.4 ②1.8 ③0.08 ④0.56 ⑤3.6 ⑥7.2

2 ①34.4 ②67.5 ③382.2 ④37.2 ⑤2.34 ⑥26 ⑦3.42 ⑧14.56

3 ①36.4 ②26.6 ③326.4 ④168.96 ⑤138.45 ⑥294.4 ⑦33.84 ⑧1717.6

4 式 5.2×6＝31.2 答え 31.2kg

5 式 0.65×15＝9.75 答え 9.75kg

21 き本テスト P.41-42 小数のわり算

1 ①0.4 ②0.3 ③0.6 ④1.3

2 ①②

```
    2.3
 4)9.2
   8
   12
   12
    0
```

3 ①

```
    13.2
 6)79.2
   6
   19
   18
    12
    12
     0
```

②

```
     2.3
 8)18.4
   16
    24
    24
     0
```

③

```
      2.3
 16)36.8
    32
     48
     48
      0
```

4 ①

```
   2.24
 4)8.96
   8
    9
    8
    16
    16
     0
```

②

```
     0.35
 21)7.35
    63
    105
    105
      0
```

③

```
     0.07
 14)0.98
      98
       0
```

5 ①0.2に○

②(左から)0.2，13.7

6 ①

```
   1.5
 6)9.0
   6
   30
   30
    0
```

②

```
     0.35
 16)5.60
    48
     80
     80
      0
```

7 ①$\frac{1}{100}$の位 (または，小数第二位)

②2.7 (筆算は右のようになる)

```
   2.66 (7)
 3)8.00
   6
   20
   18
    20
    18
     2
```

ポイント

★ 小数を整数でわる筆算では，商の小数点はわられる数の小数点にそろえてうちます。また，あまりの小数点は，わられる数の小数点にそろえてうちます。

22 完成テスト P.43-44 小数のわり算

1 ①2.4 ②4.9 ③0.65 ④3.6 ⑤0.28 ⑥0.24 ⑦1.03 ⑧5.625

2 ①3.4あまり0.3 ②0.4あまり0.2 ③4.1あまり1.7

3 ①5.7 ②3.7 ③0.9

4 式 44.5÷6＝7あまり2.5

答え 7かんできて，2.5Lあまる。

5 式 13.8÷4＝3.45 答え 3.45kg

6 式 74÷40＝1.85 (→1.9) 答え 約1.9倍

23 き本テスト P.45-46 分数

1 ①真分数　②仮分数　③帯分数

2 ①仮分数…$\frac{6}{5}$，帯分数…$1\frac{1}{5}$

②仮分数…$\frac{9}{5}$，帯分数…$1\frac{4}{5}$

3 ①1つ　②$1\frac{3}{4}$

4 ①5つ　②6つ　③$\frac{6}{5}$

5 ①$\frac{2}{4}$，$\frac{3}{6}$　②$\frac{4}{6}$

6 (左から)$\frac{3}{4}$，$\frac{3}{5}$，$\frac{3}{7}$

ポイント

★ 分子が同じ真分数や仮分数(かぶんすう)では，分母が小さいほど，分数は大きくなります。

★ 分母が同じ真分数や仮分数では，分子が大きいほど，分数は大きくなります。

24 完成(かんせい)テスト P.47-48 分数

1 真分数…$\frac{4}{5}$，$\frac{7}{8}$，仮分数…$\frac{7}{6}$，$\frac{7}{7}$

帯分数…$1\frac{1}{3}$，$3\frac{4}{9}$

2 ①$3\frac{2}{5}$　②$8\frac{3}{4}$　③$2\frac{5}{9}$　④$3\frac{6}{7}$

3 ①$1\frac{3}{4}$　②$1\frac{5}{6}$　③$1\frac{1}{9}$　④4

⑤$2\frac{5}{6}$　⑥3　⑦$3\frac{1}{8}$　⑧3　⑨$2\frac{3}{10}$

4 ①$\frac{7}{4}$　②$\frac{7}{3}$　③$\frac{13}{7}$　④$\frac{23}{6}$　⑤$\frac{22}{9}$

⑥$\frac{25}{7}$　⑦$\frac{17}{4}$　⑧$\frac{38}{9}$　⑨$\frac{53}{10}$

5 Ⓐ$\frac{2}{5}$　Ⓑ$1\frac{4}{5}$（または，$\frac{9}{5}$）

6 ①$\frac{2}{7}$，$\frac{3}{7}$，$\frac{4}{7}$　②$\frac{3}{9}$，$\frac{3}{8}$，$\frac{3}{5}$

7 ①$<$　②$=$　③$>$　④$<$

25 き本テスト P.49-50 分数のたし算・ひき算

1 ①5　②$\frac{\boxed{5}}{7}$

2 (上から)①9，$1\frac{2}{7}$　②$\frac{\boxed{9}}{7}$，$\boxed{1}\frac{\boxed{2}}{\boxed{7}}$

3 ①$\boxed{3}\frac{\boxed{4}}{5}$　②$\boxed{3}\frac{\boxed{5}}{\boxed{7}}$

4 ①$2\frac{2}{3}+\frac{2}{3}=2\frac{\boxed{4}}{3}=\boxed{3}\frac{\boxed{1}}{\boxed{3}}$

②$1\frac{4}{5}+1\frac{3}{5}=2\frac{\boxed{7}}{5}=\boxed{3}\frac{\boxed{2}}{\boxed{5}}$

5 ①4　②$\frac{\boxed{4}}{7}$

6 (上から)①$\frac{8}{5}$，4　②$\frac{\boxed{8}}{5}-\frac{4}{5}$，$\frac{\boxed{4}}{5}$

7 ①$\boxed{1}\frac{\boxed{2}}{5}$　②$\boxed{2}\frac{\boxed{1}}{\boxed{7}}$

8 ①$2\frac{1}{5}-1\frac{2}{5}=1\frac{\boxed{6}}{5}-1\frac{2}{5}$

$=\frac{\boxed{4}}{\boxed{5}}$

②$3-1\frac{1}{4}=2\frac{\boxed{4}}{4}-1\frac{1}{4}$

$=\boxed{1}\frac{\boxed{3}}{\boxed{4}}$

ポイント

★ 分母が同じ分数のたし算やひき算では，分母をそのままにして分子だけを計算します。

★ 答えが仮分数(かぶんすう)になったときは，帯分数(たいぶんすう)になおすと大きさがわかりやすくなります。

★・帯分数のたし算やひき算では，整数どうし，分数どうしを計算します。

・$2\frac{2}{3}+\frac{2}{3}=\frac{8}{3}+\frac{2}{3}=\frac{10}{3}$ のように，帯分数を仮分数になおして計算してもよいでしょう。

26 完成テスト P.51-52 分数のたし算・ひき算

1 ①$\frac{6}{7}$ ②$1\frac{1}{9}$ $\left(\frac{10}{9}\right)$ ③$1\frac{4}{5}$ $\left(\frac{9}{5}\right)$

④$3\frac{3}{7}$ $\left(\frac{24}{7}\right)$ ⑤3 ⑥$4\frac{1}{3}$ $\left(\frac{13}{3}\right)$

⑦4 ⑧$5\frac{2}{5}$ $\left(\frac{27}{5}\right)$ ⑨$6\frac{1}{9}$ $\left(\frac{55}{9}\right)$

⑩$2\frac{1}{7}$ $\left(\frac{15}{7}\right)$

2 式 $3\frac{2}{5}+2\frac{4}{5}=6\frac{1}{5}$

答え $6\frac{1}{5}$kg $\left(\frac{31}{5}\text{kg}\right)$

3 ①$\frac{2}{7}$ ②$\frac{4}{9}$ ③$1\frac{2}{5}$ $\left(\frac{7}{5}\right)$ ④2 ⑤$\frac{2}{5}$

⑥$2\frac{5}{6}$ $\left(\frac{17}{6}\right)$ ⑦$\frac{2}{3}$ ⑧$\frac{4}{7}$

⑨$2\frac{3}{5}$ $\left(\frac{13}{5}\right)$ ⑩$1\frac{5}{7}$ $\left(\frac{12}{7}\right)$

⑪$2\frac{7}{9}$ $\left(\frac{25}{9}\right)$ ⑫$\frac{2}{9}$

4 式 $2\frac{3}{10}-\frac{4}{10}=1\frac{9}{10}$

答え $1\frac{9}{10}$kg $\left(\frac{19}{10}\text{kg}\right)$

27 き本テスト P.53-54 式と計算

1 (上から)①350，150 ②250，250
③5，60 ④9，3

2 (上から)①16，36 ②8，14

3 (○をつけるもの)①㋑ ②㋐

4 ①56 ②24

5 ①8 ②25 ③7 ④9，9

6 ① 167＋86＋14＝167＋(86＋14)
＝267

② 43×5×2＝43×(5×2)＝430

③ 99×36＝(100－1)×36
＝100×36－1×36＝3564

④ 103×18＝(100＋3)×18
＝100×18＋3×18＝1854

ポイント

★ かっこのある式では，かっこの中を先に計算します。

★ たし算やひき算，かけ算やわり算のまじった計算では，かけ算やわり算を先に計算します。

28 完成テスト P.55-56 式と計算

1 ①29 ②53 ③320 ④6 ⑤3
⑥30 ⑦90 ⑧27

2 ①式 10×(5＋7)＝120
〔または，10×5＋10×7＝120〕
答え 120まい

②式 80×4＋240÷4＝380
答え 380円

3 ①　3.8＋7.5＋0.5
　＝3.8＋(7.5＋0.5)
　＝3.8＋8＝11.8
②　12×2.5×2＝12×(2.5×2)
　　＝12×5＝60
③　99×42＝(100－1)×42
　　＝4200－42＝4158
④　29×102＝29×(100＋2)
　　＝2900＋58＝2958
⑤　8×23＋8×17＝8×(23＋17)
　　＝8×40＝320
⑥　3.4×9＋1.6×9
　＝(3.4＋1.6)×9
　＝5×9＝45
⑦　24×7－14×7
　＝(24－14)×7＝10×7＝70
⑧　6.7×43－3.7×43
　＝(6.7－3.7)×43
　＝3×43＝129

4 式　170×4＋80×4＝1000
〔または，(170＋80)×4＝1000〕
答え　1000円

5 式　20×7－15×7＝35
〔または，(20－15)×7＝35〕
答え　35こ

29　き本テスト P.57-58　角

1 ①1°（または，1度）
②(左から) 0°（または，0度），180°（または，180度）

2 (○でかこむもの) ①30°　②85°

3 ①90　②180
③(左から) 4，360

4 ①60°　②240°

5 ①
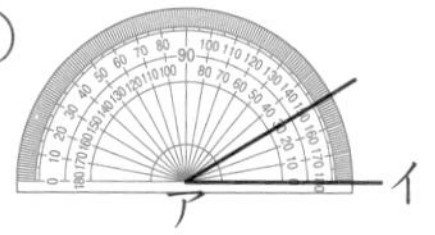

②
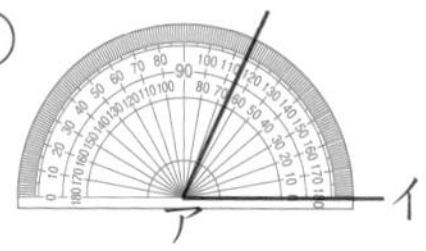

6 ①(あ)60°，(い)30°，(う)90°
②(か)90°，(き)45°，(く)45°

30　完成テスト P.59-60　角

1 ①65°　②125°　③235°　④315°

2 ①

②

3 (しょうりゃく)

4 (あ)115°　(い)65°

5 ①(あ)105°（45°＋60°＝105°）
(い)270°（180°＋90°＝270°）
②(あ)75°（45°＋30°＝75°）
(い)135°（180°－45°＝135°）

31　き本テスト P.61-62　垂直と平行

1 90°

2 (い)，(う)，(お)

3 平行

4 ①×　②○

5 ①×　②○

ポイント

★ 直角に交わる２本の直線は垂直です。１本の直線に垂直な２本の直線は平行です。

32　完成テスト P.63-64　垂直と平行

1 ①アとキ，イとウ，イとカ，オとキ
②アとオ，ウとカ

2 ①　②

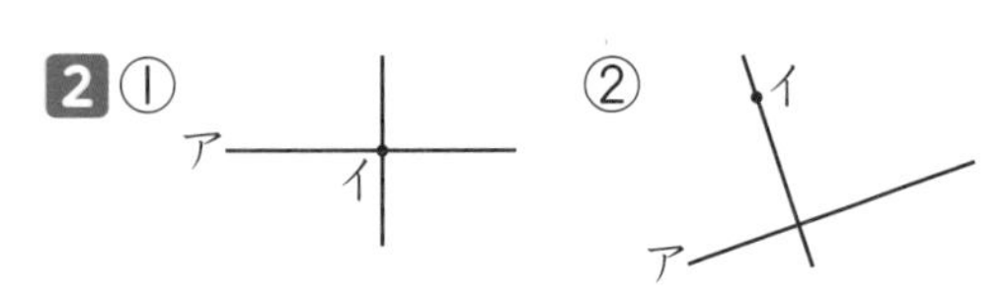

3 ①　②

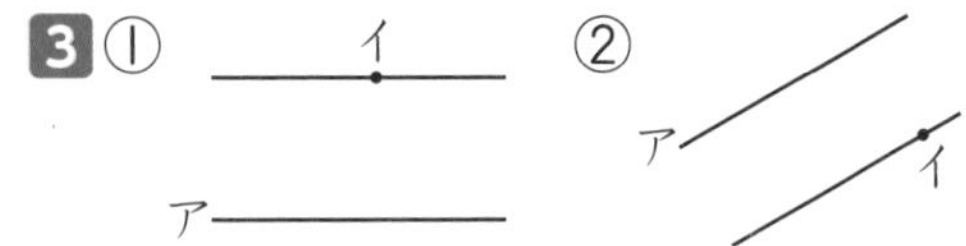

4 ①4 cm　②65°　③115°

5 ①

②辺アイと辺エウ，辺アエと辺イウ

6

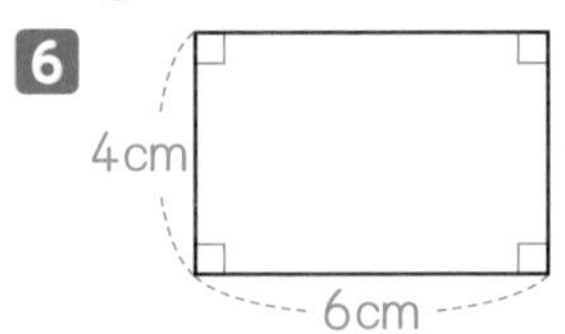

33 き本テスト P.65-66 四角形

1 ①辺アエと辺イウ　②台形

2 ①辺アイと辺エウ，辺アエと辺イウ
　②平行四辺形

3 ①辺イウ，辺ウエ，辺エア　②ひし形

4 ①辺エウ　②角㋒

5 ①辺エウ　②角㋒

6

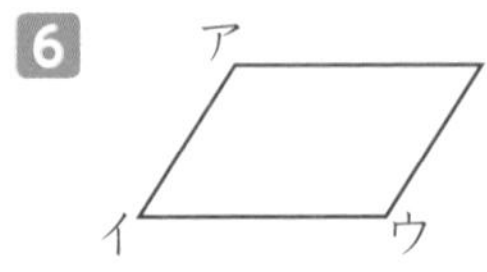

7 ①　②対角線

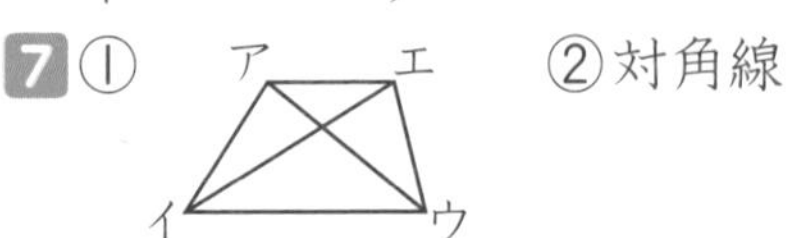

ポイント

★台形…向かい合った1組の辺(へん)が平行な四角形
★平行四辺形(へいこうしへんけい)…向かい合った2組の辺が平行な四角形
★ひし形…4つの辺の長さがみな等しい四角形

34 完成(かんせい)テスト P.67-68 四角形

1 ①9 cm　②6 cm　③60°　④120°

2 ①㋐，㋑，㋓，㋔　②㋐，㋑
　③㋐，㋑，㋓，㋔　④㋐，㋔

3 (しょうりゃく)

4 ①㋐，㋑　②㋐，㋑，㋓，㋔
　③㋐，㋔

5 ①9つ　②10

35 き本テスト① P.69-70 面(めん)　積(せき)

1 ①2 cm^2　②3 cm^2　③4 cm^2

2 ①4 cm^2　②5倍
　③4×5＝20　④20 cm^2

3 ①3×3＝9　②9 cm^2

4 ①1 m^2　②100 cm　③10000 cm^2

5 ①1 km^2　②1000 m　③1000000 m^2

6 ①10 m　②100 m^2

7 ①100 m　②10000 m^2

ポイント

★ 長方形の面積＝たて×横
★ 正方形の面積＝1辺(へん)×1辺

36 き本テスト② P.71-72 面(めん)　積(せき)

1 ㋐100　㋑1000

2 ㋐1 m^2　㋑10 m　㋒100 m

3 ㋐1000倍　㋑cm　㋒km
　㋓ha　㋔mL　㋕dL

4 ①100倍　②10000倍　③100倍
　④1000倍　⑤100倍

5 ①10000　②1　③10000　④1
　⑤100　⑥1　⑦3　⑧200
　⑨6　⑩800　⑪5　⑫90000

ポイント

★ 正方形の1辺の長さが10倍になると，面積は100倍になります。

37 完成テスト P.73-74 面積

1 ㋐6 cm² ㋑12 cm²

2 ①式 $6\times9=54$ 答え 54 cm²

②式 $7\times7=49$ 答え 49 cm²

3 ①式 $12\times12=144$ 答え 144 m²

②式 $4\times15=60$ 答え 60 m²

4 ①式 $200\times300=60000$

答え 60000 cm²

②式 200 cm＝2 m，300 cm＝3 m

$2\times3=6$ 答え 6 m²

5 ①150000 ②8000000 ③700

④120000 ⑤14 ⑥45

6 ①式 $6\times5=30$，$(6-4)\times3=6$

$30+6=36$

（または，$6\times(5+3)=48$，

$48-4\times3=36$

または，$(6-4)\times(5+3)=16$，

$4\times5=20$，$16+20=36$）

答え 36 cm²

②式 $5\times8-2\times4=32$

答え 32 m²

38 き本テスト① P.75-76 直方体と立方体

1 ①直方体 ②直方体 ③立方体

2 ㋐頂点 ㋑面 ㋒辺

3 ①見取図 ②6つ ③12 ④8つ

4 ①6つ ②12 ③8つ

5 ①平行 ②垂直

6 ①平行 ②垂直

7 ①平行 ②垂直

39 き本テスト② P.77-78 直方体と立方体

1 ㋑に○

2 ㋐，㋑，㋓

3 ㋑2 ㋒6 ㋓（左から）5，6

4 （左から）㋑2，3 ㋒6，6

㋓0，6，2

40 完成テスト P.79-80 直方体と立方体

1 ①3つ（ずつ）

②辺アイ，辺アオ，辺エウ，辺エク

③3つ

④辺アエ，辺イウ，辺オク，辺カキ

⑤4つ

2 ①辺ケク ②垂直 ③㋔の面

④㋐の面，㋒の面，㋕の面，㋔の面

3 （例）

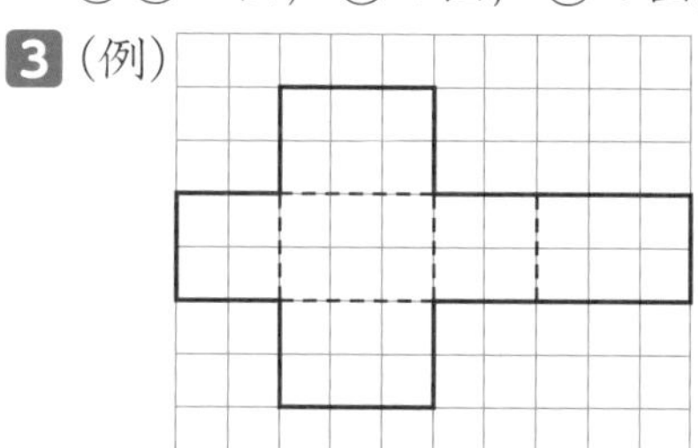

4 ㋐5 ㋑6

5 頂点キ（横6 cm，たて8 cm，高さ4 cm）

頂点ク（横0 cm，たて8 cm，高さ4 cm）

41 き本テスト P.81-82 ともにかわる2つの数量

1 ①（左から）6，5，4

②1まい ③10まい ④□＋○＝10

2 ①（左から）5，6 ②1 cm

③2 ④□＋2＝○

3 ①（左から）12，16 ②4倍

③□×4＝○

4 ①50円 ②50円 ③120円に○

42 完成テスト P.83-84 ともにかわる2つの数量

1 ①

	あ	い	う	え	お
横の長さ(□cm)	1	2	3	4	5
たての長さ(○cm)	7	6	5	4	3

②□＋○＝8（または，8－□＝○）

2 ①□＋○＝15（または，15－□＝○）

②7

3 ①□＋52＝○　②72　③13

4 ①50×□＝○

②300　③24

5 ①80円　②350円　③910　④10本

43 き本テスト P.85-86 かんたんな割合

1 ①3倍　②2倍　③にんじん

2 キャベツ

3 ①式　80÷40＝2

答え　2倍

②式　60÷20＝3

答え　3倍

③40cm

④水色の包帯

⑤2

⑥割合

ポイント

★ 何倍かを表す数を割合といいます。ねだんの上がり方や，包帯ののび方などは，もとにする大きさがちがっていても，割合を使ってくらべることができます。

44 完成テスト P.87-88 かんたんな割合

1 式(Aのゴム)24÷6＝4

(Bのゴム)27÷9＝3

答え　Aのゴム

2 式(きゅうり)90÷30＝3

(トマト)120÷60＝2

答え　きゅうり

3 式(Aのゴム)20÷10＝2

(Bのゴム)15÷5＝3

答え　Bのゴム

4 式(はくさい)360÷180＝2

(ブロッコリー)270÷90＝3

答え　ブロッコリー

5 式(白色の包帯)40÷10＝4

(水色の包帯)45÷15＝3

答え　白色の包帯

45 き本テスト P.89-90 しりょうの整理とグラフ

1 ①㋐㋒，㋑㋕　②㋐ア，㋑エ

2 はるか…㋒，ゆうと…㋐，あやか…㋓

3 ①横…時こく，たて…気温　②1度

③見やすくなる　④11度　⑤午後2時

⑥3度　⑦4度

4 ①㋐　②㋒　③㋑

46 完成テスト P.91-92 しりょうの整理とグラフ

1 ①

読んだ本と場所(人)

	自分の家	学　校	図書館	友だちの家	合　計
まんが	1	0	2	3	6
物　語	2	3	2	1	8
図かん	0	1	2	0	3
童　話	1	1	1	0	3
合　計	4	5	7	4	20

②物語　③図書館

2 ①　山や海へ行った人調べ(人)　　②2人

		山		合計
		行った	行かなかった	
海	行った	7	13	20
	行かなかった	14	2	16
合計		21	15	36

3 ①2度　②気温　③6月から7月の間
④月…8月，差…10度

4 ①～③右のグラフ
④7才と8才の間

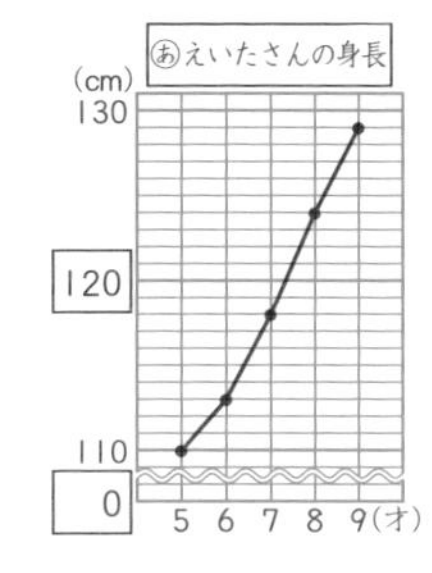

47 完成テスト P.93-94 いろいろな問題

1 式　(40－6)÷2＝17, 17＋6＝23
(または，(40＋6)÷2＝23,
40－23＝17)
答え　りんご…23こ，なし…17こ

2 式　(85－9)÷2＝38, 38＋9＝47
(または，(85＋9)÷2＝47,
85－47＝38)
答え　赤い色紙…47まい
青い色紙…38まい

3 式　18－12＝6，6÷2＝3
答え　3こ

4 式　64－38＝26，26÷2＝13
答え　13まい

5 式　980－100＝880
880÷8＝110
答え　110円

6 式　6＋3＝9，9×8＝72
答え　72まい

7 ①式　2×3＝6　答え　6倍
②式　72÷6＝12　答え　12こ

8 ①式　4×3＝12　答え　12倍
②式　24÷12＝2　答え　2kg

48 P.95-96 仕上げテスト(1)

1 ①46350270000　②26059000000000

2 ①65000　②850000

3 ①26あまり3　②8　③18あまり23

4 ①3.91　②23.36　③4.57　④1.72

5 ①38.4　②13.78

6 ①式　4×6＝24　答え　24 cm²
②式　9×9＝81　答え　81 m²

7 ①55°　②220°

8 ①70°　②110°

9 式　345÷44＝7あまり37
7＋1＝8
答え　8台

49 P.97-98 仕上げテスト(2)

1 ①4.38　②0.607　③8.327

2 ①$2\frac{2}{7}$　②2　③$\frac{13}{8}$　④$\frac{13}{5}$

3 ①1.6　②0.85　③0.34

4 ①$4\frac{3}{7}\left(\frac{31}{7}\right)$　②$1\frac{2}{5}\left(\frac{7}{5}\right)$

5 ①65°　②3cm

6 式　3×(9＋3)＋5×3＝51
(または，3×9＋8×3＝51
または，8×12－5×9＝51)
答え　51 m²

7 ①辺イカ，辺オカ，辺ウキ，辺クキ
②辺アイ，辺アエ，辺イウ，辺ウエ
③面イカキウ

8 ①□＋○＝16(または，16－□＝○)
②9